2024年苏州市科普专项资金资助项目

食品安全误区大扫除

苏州市食品安全与营养学会　编
滕臣刚　秦立强　主编

苏州大学出版社

图书在版编目(CIP)数据

食品安全误区大扫除/苏州市食品安全与营养学会编；滕臣刚，秦立强主编. --苏州：苏州大学出版社，2024.6

ISBN 978-7-5672-4700-0

Ⅰ.①食… Ⅱ.①苏… ②滕… ③秦… Ⅲ.①食品安全—基本知识 Ⅳ.①TS201.6

中国国家版本馆 CIP 数据核字(2024)第 024039 号

书　　名：食品安全误区大扫除

编　　者：苏州市食品安全与营养学会
主　　编：滕臣刚　秦立强
责任编辑：王晓磊
装帧设计：刘　俊

出版发行：苏州大学出版社(Soochow University Press)
社　　址：苏州市十梓街 1 号　邮编：215006
印　　装：扬州市文丰印刷制品有限公司
网　　址：www.sudapress.com
邮　　箱：sdcbs@suda.edu.cn
邮购热线：0512-67480030
销售热线：0512-67481020

开　　本：700 mm×1 000 mm　1/16　印张：18.25　字数：300 千
版　　次：2024 年 6 月第 1 版
印　　次：2024 年 6 月第 1 次印刷
书　　号：ISBN 978-7-5672-4700-0
定　　价：60.00 元

《食品安全误区大扫除》
编 委 会

主　　审　杭　颖　王海涛

主　　编　滕臣刚　秦立强

副 主 编　李新莉　汝　骅　王　波

编　　委　（以姓氏拼音排序）

陈婧司　费非白　杭　颖　贺　吉

胡慧琴　黄　芳　季建刚　李新莉

李云虹　林　竞　秦立强　饶春平

汝　骅　宋京城　滕臣刚　王　波

王海涛　王晓莺　徐明华　俞　莉

张雪莹　张延颇　张一青　章雪明

朱莹莹　左　辉

序

一句“不时不食”，是苏州人对饮食的考究；一盘松鼠鳜鱼，是苏州人对饮食的精细态度。

应季而食，四时风雅；健康饮食，则四季长安。围绕创建国家食品安全示范城市工作主线，苏州始终坚持“四个最严”要求，系统治理，统筹推进食品安全工作，建立健全“从农田到餐桌”全过程监管体系，不断提升食品全链条质量安全水平，确保人民群众吃得放心、吃得舒心。

然而，正如饮食千变万化，任何食物中总是含有有益成分和有害物质，前者是人体需要的营养成分，后者包括有害、有毒的生物、化学、物理因素，是人体不需要的。食品从农田到餐桌的过程中，有的“有害”因素是不可避免的，我们要做的是尽量减少这些“有害”因素在食品中的含量，将它们带来的健康风险降到最低。

每个人对食品安全风险的认识是不一样的。三聚氰胺毒奶粉、地沟油等事件仍然影响着广大消费者对我国食品安全风险的看法，加上自媒体上有关食品的信息繁杂、相互矛盾甚至真假难辨，有的根据个人的想象或推测而信口开河，甚至为了一己利益而故意以偏概全，以假乱真，炮制和传播有关食品安全的谬论……这些导致社会上存在着不少食品安全知识误区，甚至引起大众对我国食品安全缺乏信心。

人们天天接触食品，不少人已经形成的认知比较固化。比如说食品添加剂经常被妖魔化，混淆食品添加剂和非法添加物，太多的人一提到食品添加剂，就觉得不安全、不该用。加上三聚氰胺事件给公众形成的负面记忆、负面情绪，对食品科普容易产生一些抵触心理。许多消费者对食品生产当中一些新技术往往不认同，认为要追求纯天然、原生态，比较反感甚至拒绝在食物制作中应用新科技。所以，食品安全方面“科学的共识”向“社会共识”转化非常困难，而同时以受众为中心的“精准科普”材料还是非常稀缺。

苏州市食品安全与营养学会组织食品安全领域的相关专家，编写了这本《食品安全误区大扫除》科普书。这本书具有两个突出的特点。其一是科学性强。作者们都是长期从事食品安全教学、科研和疾病预防控制的专业人员。他们将近年来食品安全管理成效介绍给大众，有助于大家更准确地掌握食品安全知识。其二是实践性强。作者们从概念、理念、知识、实践等多方面收集了人们生活中流传较多的食品安全认识误区，通过对典型案例的分析，逐一进行解释，帮助人们鉴别正误，更好地指导自己的饮食实践。本书语言通俗，格式规范，不失为一本普及食品安全知识的优秀读物。我非常高兴地向广大读者推荐这本书，希望本书能在引导公众科学饮食、走出误区和丰富科学认识方面起到积极的作用。

吴永宁

国家食品安全风险评估中心

技术总师/研究员

2024 年 3 月

前言

"民以食为天，食以安为先"。食品是人类赖以生存和发展的基本物质，是人们生活中最基本的必需品。食品安全是最大的民生，《中华人民共和国食品安全法》实施已近十五年，党和政府全面加强食品安全治理，牢牢守护人民群众"舌尖上的安全"，全社会食品安全状况总体向好，老百姓对食品安全的满意度逐年提升。

然而，曾经发生的三聚氰胺毒奶粉、苏丹红鸭蛋、瘦肉精等事件仍在一些消费者心中留下阴影。2023 年 6 月，由科信食品与健康信息交流中心发起的中国消费者食品添加剂认知调查显示：72% 的消费者认为"长期从食品中摄入多种食品添加剂有害健康"；70% 的消费者认为"天然来源的食品添加剂比人工合成的更安全"；66% 的消费者认为"0 添加""0 防腐剂"的食品更安全；还有近 86% 的消费者认为三聚氰胺、瘦肉精是食品添加剂。很多消费者认为凡添加在食品中的物质就是食品添加剂，实际上这混淆了食品添加剂与非法添加物的概念。

因而，关于食品安全，有的知识需要普及，有的误区需要澄清。特别是当网络信息纷繁复杂，一些平台为了博人眼球，出现"标题党"，故意夸大、片面解读、混淆概念；有的营销人员为了销量，刻意造谣，蛊惑和误导消费者；还有不了解实情的"权威人士"以讹传讹，甚至宣扬伪科学，这些都严重影响消费者对食品安全的正确认知。

综上所述，我们深深体会到食品安全科普工作的重要性、长期性和艰巨性。对科学饮食、健康饮食、安全饮食知识的普及任重道远，需要政府部门、专家和食品行业共同努力，在宣传食品安全科学知识的同时，及时澄清谬误和消除谣言。因此，我们组织专家编写本书。在本书中，我们收集了生活中常见的100个食品安全误区案例，通过食品安全专家对个案的点评，指出错误所在，并逐一分析，力求“正本清源”。希望本书能帮助广大消费者增长科学知识，树立正确认知，并共同为食品安全科学知识和理念的普及贡献力量。

本书编写获得了苏州市市场监督管理局、苏州市农业农村局、苏州市卫生健康委员会、苏州大学、苏州市职业大学、苏州农业职业技术学院、苏州市卫生职业技术学院等部门和院校的大力支持，对此表示衷心感谢。本书编写如有疏漏或不足之处，谨请批评指正。

苏州市食品安全与营养学会

2024年3月

目录

误区 1：食品必须绝对安全

【案例背景】

咸肉中检出亚硝酸盐，大米中检出重金属，面包里有黄曲霉素，茶叶里有高毒农药，葡萄酒中检出二氧化硫。食品中难道都有一些有毒物质吗？人们不禁要问还有什么能吃？如何能保证食品安全？

【误区】

（1）食品必须绝对安全，零健康风险。

（2）食品中绝不能含任何有毒、有害物质。

（3）食品含有有害物质就不能吃。

【专家解析】

食品安全指食品无毒、无害，符合应当有的营养要求，对人体健康不造成任何急性、亚急性或者慢性危害。食品安全问题是食物中有毒、有害物质对人体健康造成影响的公共卫生问题。食品安全学是一门探讨在食品加工、存储、销售等过程中确保食品卫生及食用安全，降低疾病隐患，防范食物中毒的跨领域学科。

食品不安全就是人体摄入了含有有害物质的食品而影响人体健康，但其发生受到食物中有害物质的性质、数量，人体消化、吸收、代谢等因素的影响。站在消费者的角度，要求食物中不含任何有毒、有害物质，要求生产经营者能够提供没有任何健康风险的食物，要求绝对的安全，无可非议。然而站在生产者、科技人员的角度，从食品的成分、食物生产链和科技发展水平的现实出发，认为只能在提供足够的能量、营养的同时，把食品中的有毒、有害物质控制在科技水平和经济条件许可的范围内，力求把可能存在的风险降低到最低限度，达到相对安全。

由于食物从农田到餐桌过程环节多、影响因素复杂，食品安全风险很难避免。食品安全风险是绝对的，只是风险有高有低，风险高就影响健康，就是不安全。风险低就可以接受，就是相对安全。事实上，所谓食品绝对安全，即食品零风险是不可能存在的。举个例子来说，坐飞机并不是万无一失，但我们还是会经常选择坐飞机，因为我们相信，飞机发生事故的可能性是很小的，也就是说风险是很低的，是我们可以接受的。

食品安全问题也是同样的道理。首先，食品的生产环境中某些化学物质和微生物以微弱数量广泛存在，食品生产过程中不可避免地会受到一定程度的污染。不可能存在绝对不含有污染物或毒素的食品，但这些食品在一定摄入量下是相对安全的，超过一定的摄入量就不安全了。其次，随着科学技术的不断进步，原来没有被认识的有毒、有害物质逐渐被认识，不能被检测到的有毒、有害物质逐渐能够被检出，过去认为安全的食品实际上却潜藏着风险。再次，食品安全还取决于消费者的身体状况。一些食物对某些人而言是安全的，但对其他一些人不安全。对大多数人而言是安全的鸡蛋、海鲜、肉类食品，对过敏人群就可能带来风险。最后，食品在某些时间内是安全的，而在其他时间内不安全。简而言之，食品安全是相对的，低风险的就可以认为是安全的。

【延伸阅读】

食品安全和不安全之间的界限并非泾渭分明，而是十分含糊的。我们通常定义的食品安全是指食品风险在可接受水平范围内。所谓风险就是各种危害产生不良健康作用的可能性和强度。食品安全管理就是要努力控制风险水平，在绝对安全和不安全之间寻找一个阈值或平衡点，超过合理阈值或平衡点的食品安全要求，也许是在现有经济条件和科技水平下对食品安全的不合理期望。总而言之，对食品的安全程度的判定是由主观方面（消费者的身体及经济状况）和客观方面（食品成分）二者的关系决定的。

食品安全做不到“零风险”。“零风险”只存在于理想环境中，只是一种美好的愿望，现实世界中我们做任何一件事都存在风险，只不过风险有高低。著名医生巴拉塞尔萨斯有一句名言，即“万物皆有毒，关键在于剂量”。这也就是说，任何物质，会不会对我们的健康造成损害，关键要看我们吃多少。就算是那些看起来无害的物质，如果吃多了，也可能引起中毒，维生素 A 就是一个例子。所以说，食品中存在有害因素并不可怕，因为它们本来就是不可避免的，要求食品安全“零风险”是不科学、不现实的。我们应该做的就是通过各种手段减少这些有害因素在食品中的含量，将它们带来的健康风险降到一个很低的，可以被我们接受的水平。

虽然食品安全“零风险”不可能，但政府对危害食品安全的违法行为必须“零容忍”。假如，有企业不遵守食品安全标准，在食品生产过程中超量或超范围使用添加剂，那么不管这样的食品会不会给消费者健康造成损害，政府部门都要加以惩处。假如，有企业向食品中非法添加了一些本来不能食用的物质，比如苏丹红、三聚氰胺等，那么就算只加了一点点，都必须严厉打击，绝不姑息。其目的就是要杜绝这种人为的违法添加行为，净化国内食品市场，保护消费者健康。

误区 2：食品安全就是粮食安全

【案例背景】

据联合国《世界人口展望2022》报告预计，到2022年11月15日，全球人口将达到80亿。新冠疫情可能导致全球饥饿人数在2020年大幅增加。2022年将新增1.3亿饥饿人口，全世界将有6.9亿人处于饥饿状态。2022年4月，联合国世界粮食计划署宣布，人类或将面临“第二次世界大战后最大的粮食危机”。粮食安全是最大的食品安全。

【误区】

（1）把食品安全和粮食安全画等号。

（2）食品安全与粮食安全两者不能兼顾。

【专家解析】

人类社会进入农耕时代，改变了获取食物的方式，种植和养殖丰富了人类食物的种类，促进了人类的发展。国以民为本，民以食为天。农业经历了长期的发展，民众生存的基础保障——粮食安全就成为从根本上解决好“吃饭”这个人类最大的民生问题。粮食安全与社会的和谐、政治的稳定、经济的持续发展息息相关。随着科技和经济的发展，人类的温饱问题解决后，人们开始关注所食用的食品。食品安全和粮食安全二者都与食物相关，最终目标是一致的，它们都是为了解决人类的“吃饭”问题。简单地说，粮食安全为了吃饱，食品安全为了吃好。具体来说，粮食安全是指供人类食用的谷物、豆类、薯类等的供给满足消费者的要求，其关注的重点是解决人类所面临的饥饿和营养不良等问题；食品安全则侧重于管控食物中的病原菌、重金属含量、农药和兽药残留、食品添加剂和非食品添加物等，其关注的重点是食源性疾病。粮食安全针对如何根除饥饿，而食品安全旨在消除食物中不安全因素。随着经济社会的发展，“粮食安全”这一概念的内涵和外延都丰富了很多，它要求保证任何人在任何时候既能买得到又能买得起为维持生存和健康所必需的足够食品，其中包括了吃的东西卫生达标。食品安全从大的视角来看也包括粮食安全，粮食安全是食品安全的一方面。

【延伸阅读】

（1）联合国粮食及农业组织。

联合国粮食及农业组织（FAO）简称“粮农组织”，成立于 1945 年 10 月 16 日，是联合国系统内最早的常设专门机构，是各成员国间讨论粮食和农业问题的国际组织。其宗旨是提高人民的营养水平和生活标准，改进农产品的生产和分配，改善农村和农民的经济状况，促进世界经济的发展并保证人类免于饥饿。现共有 194 个成员国、1 个成员组织（欧洲联盟）和 2 个准成员（法罗群岛、托克劳群岛）。

在物资匮乏的年代，丰年有饱饭吃，灾年不至于饿殍遍野，就已经算是粮食安全。今天我们生产的食物足够世界上每个人吃饱。然而，在达到“零饥饿”的势头减弱的趋势下，全世界仍有近 6.9 亿人长期营养不良。事实上，在非洲，几乎所有地区的饥饿现象都在增加，总饥饿率接近 20%。由于疫情、战争等因素，2021 年全球粮食不安全状况急剧上升，粮食不安全状况达到 11.7%。粮农组织提出 2030 年目标，消除饥饿，确保所有人，特别是穷人和弱势群体，包括婴儿，全年都有安全、营养和充足的食物。

（2）新时代粮食安全观的新特点。

第一，由重点关注数量安全转变为数量安全和质量安全同时兼顾。在满足人们温饱问题的阶段，数量安全是根本，但是在全面建成小康社会背景下，营养健康、美味可口的高质量粮食品种，多样化的食品需求，日益成为广大消费者的重要选择。

第二，由土地和水资源双重约束转变为土地、水和劳动力资源等多重约束。改革开放以来，特别是 2001 年我国加入世界贸易组织（WTO）后，随着我国工业化、城市化和国际化的推进，各行各业都实现了较快增长，拉动了要素价格的不断提高，土地和水资源价格持续提高，劳动力成本也快速上升。低廉的劳动力成本曾是我国比较优势的重要资源，但近年来劳动力成本也因快速的经济增长而不断提升，多种要素价格的不断上涨推动着我国的粮食生产进入高投入、高成本和高价格时代。

第三，由粮食安全转变为多样化的食品安全。随着我国人口增长速度的放缓和老龄化程度持续加深，以及口粮在人们日常饮食结构中的比重不断下降，粮食（口粮）安全不再像过去一样突出，相反地，人们对肉类、蔬菜、水果等产品的需求不断增加，因而保证多样化的食品供给逐步成为粮食安全的新内容。粮食安全也由口粮安全逐步转变为口粮安全和饲料安全兼顾。

（3）新食品安全观的三个层次。

① 第一层，食品数量安全。

一个国家或地区能够生产满足民族基本生存所需的膳食需要。要求人们既能买得到又能买得起生存、生活所需要的基本食品。

② 第二层，食品质量安全。

食品质量安全指提供的食品在营养、卫生方面满足和保障人群的健康需要。食品质量安全涉及食物的污染、是否有毒，添加剂是否违规超标、标签是否规范等问题，需要在食品受到污染之前，采取措施预防食品受到主要危害因素侵袭。

③ 第三层，食品可持续安全。

这是从发展角度要求食品的获取需要注重生态环境的良好保护和资源利用的可持续。在新发展阶段，不仅要守好“米袋子”，牢牢地把中国人的饭碗端在自己的手中，同时还要拎稳“菜篮子”、抓牢“油瓶子”。这意味着今后几十年，必须要建设更高质量、更可持续、更安全的国家安全食物保障体系。践行大食物观，粮食安全是底线，食品安全是目标。要树立大资源观、大农业观、大市场观。

误区 3：食品安全比营养更影响人类健康

【案例背景】

急诊科医生王某与内分泌科医生李某就关于吃的问题发生争论。王医生说食品安全更重要，经常有食物中毒的人来挂急诊看病，最近有个学校有 200 人因食物中毒来医院治疗。李医生讲营养更重要，来找他看病的人中糖尿病特别多，都是吃出来的营养性疾病，癌症患者 100% 存在营养不良。

【误区】

（1）食品安全问题比营养问题更重要，会死人的。

（2）营养比食品安全更重要，营养性疾病的发病率、死亡率高。

【专家解析】

食物是人类赖以生存的物质基础。人们摄入食物的目的是获得食物中人体需要的脂类、蛋白质、碳水化合物、维生素、矿物质等营养素以及食物食用过程中的感官享受，以维持生存、学习和工作。但食物在提供营养素和风味的同时，也可能带来对人体有害的因素。这些有害的因素来源有三个方面，一是动植物本身含有的毒素，如河豚、毒蘑菇中的毒素；二是从农田到餐桌过程中污染食物的重金属、农药、微生物等物质；三是食物制备过程中诱发的有害物质，如高温反复油炸食品产生的醛类、酸类、含硫芳香物质以及苯并芘、丙烯酰胺等。

食物不够就会营养素摄入不足，继而导致人体营养缺乏病，如缺铁性贫血、维生素 B_1 缺乏导致的脚气病等。食物太多会部分营养素摄入过剩，摄入的营养素的数量、比例不符合人体需要会引起肥胖、糖尿病、冠心病等慢性疾病。目前与膳食营养密切相关的超重或肥胖、糖尿病、高血压、高血脂、心血管疾病、肿瘤等慢性病患病率持续升高，严重影响人们的生活质量和生命。如吃的食物过咸，容易引起高血压。晚餐吃得太丰盛，经常吃夜宵，人便肥胖起来。2015 年，国内年龄大于 18 岁居民血压正常高值检出率为 41. 3%，血脂异常的总体患病率为 40. 4%，中国成人糖尿病患病率为 11. 2%，糖尿病前期检出率为 35. 2%，5 岁以下儿童营养缺乏性疾病患病率为 17. 26%。

食物不安全会导致食源性疾病，含有有害细菌、病毒、寄生虫或有毒化学物质的食物可导致从腹泻到癌症等 200 多种疾病。食源性疾病每年影响着数百万人口，特别是婴幼儿、老人等。全球每年因吃不洁的食物而生病的，每 10 个人当中几乎就有 1 人，并导致 43 万人死亡，其中 5 岁以下儿童处于特高风险，每年有超过 12 万名儿童死于食源性疾病。

食物中的有益因素与有害因素是同时存在的，食品营养与食品安全都是很重要的，人类要做的就是充分发挥食物中的有益因素，尽量减少食物中的有害因素。不管是食品营养还是食品安全，都与人的身体健康密切相关，强调两者孰轻孰重没有太多的意义。科学地从食物中获取合理营养，避免食物中的危害因素，就是选择适宜自己的健康生活方式。

【延伸阅读】

营养相关性疾病和食源性疾病大多是散发病例，取决于个人对食物的选择、制备和处理。人类自身是健康的第一责任人，健康要从每一天开始，每天健康，就一生健康。“能吃能喝不健康，会吃会喝才健康，胡吃胡喝要遭殃”。

我国营养与食品安全的发展经历了三个阶段。第一阶段吃饭求温饱。食物匮乏时期，能吃饱已经不容易，主要需求是摄取足量营养素，政府监管重点在于保证食物数量的供应和预防急性中毒的发生，食物基本没有浪费。第二阶段吃饭讲享受。食物充足时期，人们享受食物带来的感官刺激，喜欢的多吃，不喜欢的少吃，也出现了大量的食物浪费现象。政府监管重点是食品安全，倡导营养，防止浪费。第三阶段吃饭保健康。食物丰富、质量提升时期，保健食品市场逐渐繁荣。人们在营养与食品安全科学指导下对食品利弊有了基本共识，保健意识增强，积极改变饮食行为，主动选择对健康有利的食品，制作食品时注意个人卫生，正确处理食品，以保护自身健康。政府监管重点是防病向促进健康转移，食品安全和营养管理措施并举。不管处于哪个阶段，各国政府必须以预防食源性疾病暴发和提供足量安全食品为工作重点。

食品可能在生产和销售的任何环节受到污染，由于食品制造商、供应商的疏忽或故意行为，使提供的食品有可能含有足量的有害物质，会导致集体性的食源性疾病暴发事件，很容易受到社会公众关注，引发人们热议，社会影响大。如 2008 年婴儿配方奶粉中的三聚氰胺污染影响到 30 万婴幼儿，其中 6 例死亡；2011 年德国的大肠杆菌 O104：H4 疫情给农民和工业造成 13 亿美元损失，并向 22 个欧盟成员国支付了 2. 36 亿美元紧急援助金。因此食品安全必然成为政府监管部门的重点监管内容。

膳食不平衡、营养不合理、运动的减少等不合理生活方式导致的慢性非传染性疾病越来越严重，占全球总疾病负担的 70%，占总死亡人数的 88%，死亡率排名前两位的是卒中和缺血性心脏病。2019 年高血脂、高血压、高血糖和高胆固醇导致全球总健康损失了 20%，比 20 年前提升了近一倍，高血压造成了 1 100 万人死亡，高血糖造成了 6 500 万人死亡，高胆固醇则造成了 4 400 万人死亡。与食品安全中食物中毒的“急”不同，营养问题表现为“慢”，往往不会引起大家关注，但营养问题同样威胁着人类健康和生命。

实际上营养与食品安全两者都关系到人类身体健康，都很重要。随着经济的发展和社会的进步以及人们生活水平的提高，物质财富从匮乏到丰富，食品供应从缺乏到充足，人类营养不良状况的变化从缺乏到过剩。随着科技的发展，人们对食品中有害物质损害人体的认识从食物本身或污染的化学毒素中毒到微生物感染，从急性中毒到慢性危害。为此，各国政府都颁布了相应法律法规。如日本有食品卫生、营养改善、食品教育等方面的法规。我国有《中华人民共和国食品安全法》《“健康中国 2030”规划纲要》《国民营养计划(2017—2030 年)》等规章制度。

误区 4：食品是否安全只要看最终的检验结果是否符合标准

【案例背景】

某食品检测机构来了一位市民，拿着一份购买来吃剩的炸薯条，怀疑有问题，要求检验是否有毒。检验人员很为难，感觉缺乏此种能力，告知市民只能按标准做，无法判定是否有毒。市民很不理解。

有一家食品厂，在脏乱的加工环境下生产加工，监管部门要处罚，老板很委屈地说，我每批产品都经过检验符合国家标准，而且也送省、市监测机构委托检测，每批都符合国家标准，为什么还要罚我？

【误区】

（1）食品是否安全只要看最终的检验结果是否符合标准，一锤定音。

（2）通过检验的食品就一定可以放心食用。

（3）食品加工过程管理不重要，最终看检验结果。

【专家解析】

食品有害因素很多，已知的就有 200 多种。一般情况下要根据食品的来源、怀疑原因等线索，分析被怀疑食物中可能存在的有毒物质，进行针对性检验，每一种毒物都有相应的检验方法，没有一种检验方法可以筛选所有毒物。案例中要求通过检验判定是否有毒，真是难为检验人员了，等于是让检验人员大海捞针。检验人员不可能把吃剩的薯条里所有已知毒物全检验一遍，一是样品量不满足检验要求，二是检验成本太大。即使对已知毒物都检验了且没有检出危害物，也不能肯定食品中就没有其他毒物了，因为还有不少未知的毒物没有检验方法，无法开展检验。2008 年奶粉中的三聚氰胺事件就是最为典型案例，事件处理过程中，《原料乳与乳制品中三聚氰胺检测方法（GB/T 22388—2008）》于 2008 年 10 月 7 日发布并实施。因此，受到检测能力、检测成本和科学认知的限制，检验不是万能的，检测结果不一定能真实反映食品的实际情况，只能作为综合分析时的参考依据之一。

我们食用的粮食、水果、蔬菜、畜禽肉是通过种植、养殖生产出来的，我们食用的饼干、方便面、饮料等食品是生产加工出来的，只有严格按照种植、养殖和生产加工的相关规范要求进行生产，才能保证食品（食用农产品）的安全和品质。而检验主要对食品安全与品质起验证评价作用。因此，我们常说安全食品是生产出来的，不是检验出来的。

当然，不是说检验不重要，而是如果生产者在生产过程中能积极地控制原料品质、生产流程、环境卫生，就可以降低或避免终产品出现安全风险的可能。一种食品中可能存在的不安全因素很多，如果一一检测，而不注重生产过程的安全控制，不仅检验成本过高，而且可能还会疏漏其中异常的风险因素。

科学的食品安全管理是由企业规范实施的生产经营过程管理，对主要风险加以控制，比如详尽的追溯记录、各种关键点控制等，在问题发生之前就将其杜绝，而不仅仅靠末端检验来控制品质。如果仅仅依赖标准和末端检验，诸如三聚氰胺事件、奶粉中肉毒杆菌事件也许根本不会被发现，因为这些物质并非正常生产应该存在的安全问题，一般情况下不会去检验这些物质。只有通过对企业的生产过程、生产场所、库房的监管调查等才能及时发现这类安全隐患。

【延伸阅读】

食品的生产、加工、存储、运输、销售等环节都可能存在安全隐患，只有通过全过程的食品安全防护，建立食品质量安全管理体系，并有效实施，不断改进完善，才能保证食品安全。不安全的生产环境不可能生产出安全的食品。安全的食品是生产出来的，不是检验出来的。食品安全国家标准体系中专门有一类针对过程管理的标准，如《食品安全国家标准 食品生产通用卫生规范（GB 14881—2013）》《食品安全国家标准 餐饮服务通用卫生规范（GB 31654—2021）》《食品安全国家标准 食品经营过程卫生规范（GB 31621—2014）》《食品安全国家标准 饮料生产卫生规范（GB 12695—2016）》等，该类标准主要规定了食品企业从厂房布局、原料购置、设备设施、环境卫生、污染控制、人员健康、产品召回等关键环节的基本要求。该类标准集中体现的就是强调过程管理这一核心思想。这往往也是食品企业最容易忽视、食品安全问题最常见的原因。

作为食品保护和监管手段之一，食品安全检验应用于食品生产经营整个过程中，但在食品安全保障中仍存在着一定的局限性。

① 检验不能穷尽一切有害物质，尚有很多未知物质。受当前科学技术、检测手段制约，在食品安全检测中有些潜在危害尚无法识别和检测出来。目前人类已知的有害物质、致病因子，只是冰山一角，仍有许多自然界中天然存在的、人工合成的、生物代谢产生的有毒、有害物质还未被认识，完全依赖于产品的检验往往事倍功半，治标不治本。

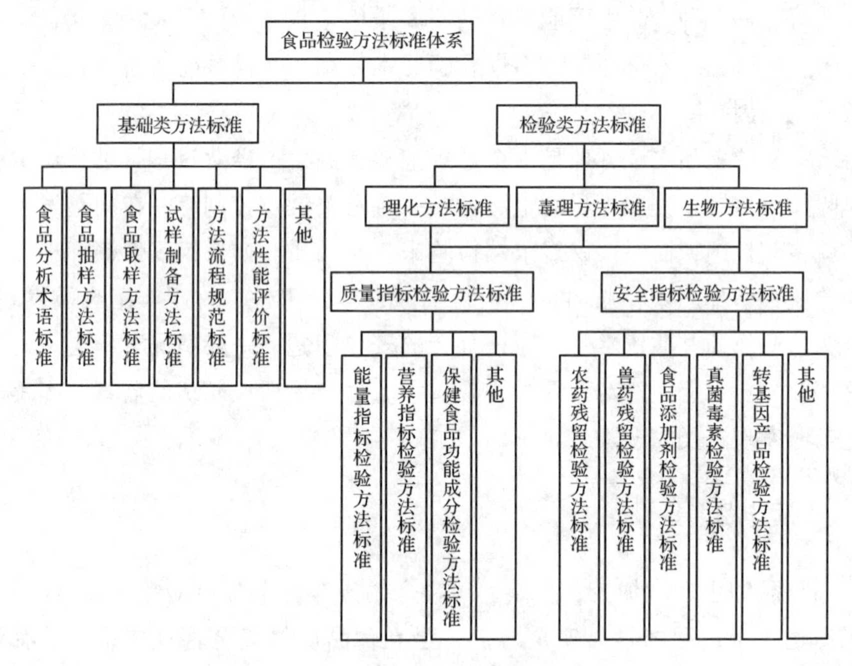

我国食品检验方法标准体系框架图

② 标准滞后和缺失。标准总是滞后于产品的发展，食品检测标准同样如此，落后于食品的创新、工艺的革新。滞后于限量标准，即出现有限量规定而无对应检测方法的情况。例如：百菌清在坚果、药用植物、哺乳动

物肉类、禽肉类、生乳等中无对应检测方法；营养强化剂、转基因食品等有些项目还缺乏配套的检测方法。目前食品检测标准体系还不够完善，规范检验方法、提升检验结果准确性等方面的基础类方法标准有待完善提升，检测标准更新较缓慢，人为故意非法添加物检验方法更是滞后和缺失。

误区 5：我国食品安全标准要与国际标准一致

【案例背景】

有记者借专家口评论：“我国食品安全标准超过国际水平的不足 3%，达到国际标准的不足 10%，近九成标准均低于国际水平。从 2008 年以来，我国大范围修订各种食品安全标准，但总的趋势是标准放宽了。不如全部采用国际标准。”

【误区】

（1）既然已经有国际食品安全标准了，国家无须自己制定食品安全标准。

（2）我国食品安全标准与国际标准一定要保持一致。

（3）我国食品安全标准落后于国际标准。

【专家解析】

国际食品安全标准主要是指《食品法典》。《食品法典》中的食品标准、准则和操作规范有助于提高国际食品贸易的安全性、质量和公正性。消费者能相信他们所购买的食品的安全性和质量，进口商能相信他们所订购的食品会符合规定。《食品法典》标准建立在独立的国际风险评估机构或粮农组织和世界卫生组织（WHO）所组织的特别磋商机构提供的充分科学依据的基础上，在当前科学的认知下能确保消费者健康。食品中有害物质限量的确定是在收集动物实验、流行病学资料的基础上结合膳食的暴露量，经专家进行食品安全风险评估后提出，并通过食品生产者、管理者、消费者充分进行风险交流后最终确定。食品中有害物质损害人体健康的剂量相对固定，而不同国家、不同民族的饮食习惯不同，意味着各自所吃的食物品种、数量（称为食物暴露）不一样。为了保证控制不同膳食进入人体的有害物质总剂量不会导致危害，因此要在食品（尤其是摄入量大的）中限制某有害物质含量，这必然导致各国食品中有害物质含量的规定有所不同。例如，我国大米中的镉含量规定为 0.2 mg/kg，就严于《食品法典》中 0.4 mg/kg 的规定，这是基于大米是我国居民主食的考虑。当然，这需要用科学证据来证明其合理性，并向世界贸易组织（WTO）说明。因此各国应根据国内居民的膳食特点，参考《食品法典》，结合民族的饮食文化、食物的供应情况等制定自己的标准。

【延伸阅读】

（1）CAC 标准。

国际食品法典委员会（CAC）是联合国粮食及农业组织（FAO）和 WHO 于 1963 年联合设立的政府间国际组织，专门负责协调政府间的食品标准，建立一套完整的食品国际标准体系。CAC 有 180 多个成员国，覆盖全球 98% 的人口。我国于 1986 年正式成为 CAC 成员国。CAC《食品法典》的宗旨是“保护消费者健康，确保食品贸易公平”。《食品法典》汇集了全球通过的、以统一方式呈现的食品标准及相关文本。发行《食品法典》的目的是指导并促进食品定义与要求的制定，推动其协调统一，并借以促进国际贸易。《食品法典》包括所有面向消费者提供食品的标准，无论是加工、半加工还是未加工食品，以及供进一步加工成食品的原料也应视必要性包括在内。《食品法典》包括食品卫生、食品添加剂、农药和兽药残留、污染物、标签及其描述、分析与采样方法以及进出口检验和认证方面的规定。法典、标准及相关文本不能取代国家立法，也不能作为国家立法的备选方案。每个国家法律和管理程序都包含一些必须遵守的规定。如今进行跨国贸易的食品数量和种类之多前所未有。CAC《食品法典》事实上也成为全球消费者、食品生产和加工者、各国食品管理机构和国际食品贸易商唯一重要的基本参照标准。WTO 直接与食品贸易密切相关的两项协定“实施卫生与植物卫生措施协定（SPS）”和“技术性贸易壁垒协定（TBT）”都明确规定 CAC《食品法典》在食品贸易中具有准绳作用。《食品法典》

在贸易中有利于消除贸易壁垒，解决贸易争端。

CAC《食品法典》标准实际上代表的是一个能够保护消费者健康的、各国协调一致的基本水平，并非比国家标准更安全。从发展中国家的观点来看，遵守《食品法典》标准意味着更多的关注并确保其食品出口的安全，而发达国家往往会提高标准而设置贸易技术壁垒。如日本为了阻碍我国菠菜对其出口，2004 年公布了菠菜中毒死蜱（农药）残留限量为 0.01 mg/kg，而 CAC 标准为 0.05 mg/kg，从而使我国因菠菜出口受阻而造成巨大经济损失。2003 年欧盟发布了茶叶农药残留实施新规则，规则中要求最大残留限量标准 156 项，常见必检的农药残留 49 种，残留限量为过去标准的 1%。此举导致我国茶叶出口量连续大幅度下降。法典标准及相关文本对食品的各种要求，旨在确保为消费者提供安全健康、没有掺假的食品，并且保证食品的标签及描述正确。所有食品的法典标准均应按照法典商品标准的格式，并酌情包含其所列内容。样例格式如下。

食品名称　　代码　　年修订

① 范围
② 描述
③ 基本成分和质量因素
④ 添加剂
⑤ 污染物
⑥ 卫生
⑦ 标签
⑧ 抽样和分析方法

（2）食品安全标准制定过程。

① 食品安全风险评估分四个步骤。

危害识别：了解有害物质的毒性。

危害特征描述：描述有害物质的毒性及其加量反应关系，提出健康指导值，如每日允许摄入量（ADI）。

暴露评估：确定通过食物摄入的有害物质，居民膳食暴露量。

风险特征描述：描述食品可能带来的健康风险。

② 提出食品中有害物质的最大含量和每种食品中的最大限量。

③ 最后设定每种食品中有害物质的最大限量，考虑控制这一水平所要付出的经济代价和社会可行性，以及消费者感受，在征求各方意见、充分交流的基础上，最后设定最大限量。

（3）我国食品安全标准体系。

我国已形成了自己的食品安全标准体系，并积极参与了国际标准的制定、修订。

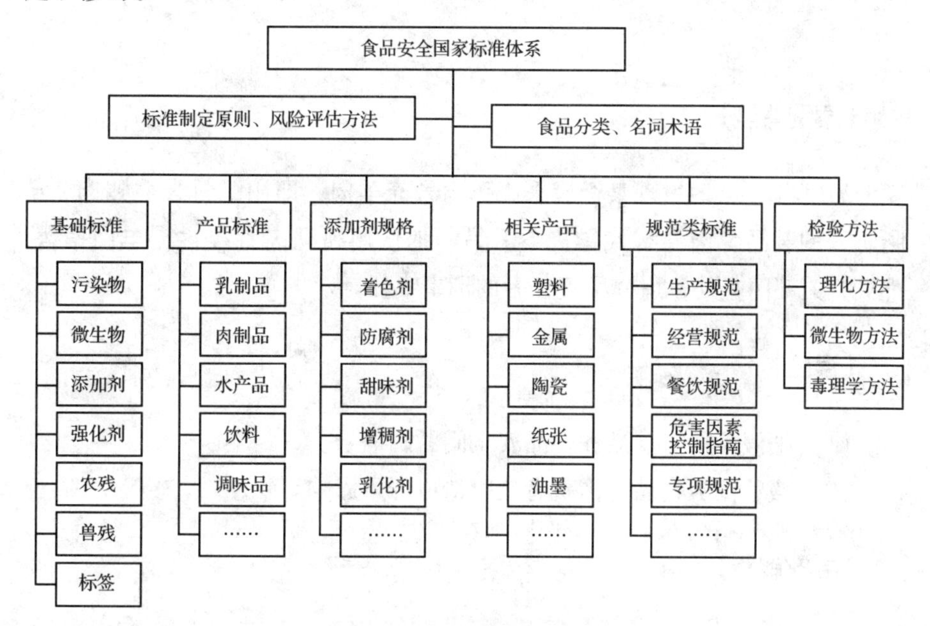

我国食品安全国家标准体系

误区 6：假冒伪劣食品就是食品安全问题

【案例背景】

2013 年，某地发现某饭店采用鸭肉冒充羊肉，即用配料为“鸭肉、羊脂肪”的某品牌肉卷替代羊肉卷。另一地使用狐狸肉直接冒充羊肉销售，都被有关部门查处，追究了责任者的刑事责任。

【误区】

（1）把假冒伪劣食品和食品安全问题画等号。

（2）假冒伪劣食品对消费者健康造成严重影响。

【专家解析】

假冒伪劣食品和不安全食品有一定的联系，但不能画等号。案例中企业诚信缺失，唯利是图，采用鸭肉、狐狸肉冒充羊肉是非常明显的假冒伪劣事件。鸭肉本身不会对消费者健康造成危害，因此不是食品安全问题，而是质量问题，也是一种不正当竞争行为。狐狸肉因未经检疫经营，可以认为是食品安全问题。但人们往往都把类似的事例归为食品安全问题，在无形之中夸大了食品安全问题，把矛头直指食品安全监管部门，要求按食品安全法追究相关责任人相应的法律责任，包括行政责任和刑事责任。如不是食品安全问题或无证据证明足以造成严重食物中毒事故或者其他严重食源性疾病，就超出食品安全法的范围，虽然不能追究“生产、销售不符合卫生标准的食品罪或生产、销售有毒、有害食品罪”，但对于假冒伪劣问题仍然是“零容忍”。2013 年最高人民法院、最高人民检察院《关于办理危害食品安全刑事案件适用法律若干问题的解释》，规定了食品安全刑事案件相应罪行和量刑档次，完善了食品安全法与刑法的衔接。上述假冒羊肉案虽然不能追究“食品罪”，但可以追究生产、销售伪劣产品罪。假如鸭肉、狐狸肉冒充羊肉过程中加入了非法添加物，那完全可以追究“生产、销售不符合卫生标准的食品罪或生产、销售有毒、有害食品罪”了。同样，“甲醇作为原料勾兑白酒”“三聚氰胺奶粉造成婴幼儿的泌尿系统结石”可以追究“生产、销售不符合卫生标准的食品罪或生产、销售有毒、有害食品罪”。

【延伸阅读】

（1）相关定义。

假冒食品是指使用不真实的厂名、厂址、商标、产品名称、产品标识等从而使客户、消费者误以为该产品就是正版的产品。伪劣食品是指质量低劣或者失去使用性能的食品。

食品安全问题是指食物中有毒、有害物质影响人体健康的公共卫生问题，其包括微生物性危害、化学性危害、生物毒素、非法添加物等安全性问题。最大的食品安全问题是食源性疾病问题。

（2）刑法中与食品安全有关的条款。

第一百四十条　生产者、销售者在产品中掺杂、掺假，以假充真，以次充好或者以不合格产品冒充合格产品，销售金额五万元以上不满二十万元的，处二年以下有期徒刑或者拘役，并处或者单处销售金额百分之五十以上二倍以下罚金；销售金额二十万元以上不满五十万元的，处二年以上七年以下有期徒刑，并处销售金额百分之五十以上二倍以下罚金；销售金额五十万元以上不满二百万元的，处七年以上有期徒刑，并处销售金额百分之五十以上二倍以下罚金；销售金额二百万元以上的，处十五年有期徒刑或者无期徒刑，并处销售金额百分之五十以上二倍以下罚金或者没收财产。

第一百四十三条　生产、销售不符合食品安全标准的食品，足以造成严重食物中毒事故或者其他严重食源性疾病的，处三年以下有期徒刑或者拘役，并处罚金；对人体健康造成严重危害的，处三年以上七年以下有期徒刑，并处罚金；后果特别严重的，处七年以上有期徒刑或者无期徒刑，并处罚金或者没收财产。

第一百四十四条　在生产、销售的食品中掺入有毒、有害的非食品原料的，或者销售明知掺有有毒、有害的非食品原料的食品的，处五年以下有期徒刑，并处罚金；对人体健康造成严重危害或者有其他严重情节的，处五年以上十年以下有期徒刑，并处罚金；致人死亡或者有其他特别严重情节的，依照本法第一百四十一条的规定处罚。

第二百二十五条　违反国家规定，有下列非法经营行为之一，扰乱市场秩序，情节严重的，处五年以下有期徒刑或者拘役，并处或者单处违法所得一倍以上五倍以下罚金；情节特别严重的，处五年以上有期徒刑，并处违法所得一倍以上五倍以下罚金或者没收财产：

① 未经许可经营法律、行政法规规定的专营、专卖物品或者其他限制买卖的物品的；

② 买卖进出口许可证、进出口原产地证明以及其他法律、行政法规规定的经营许可证或者批准文件的；

③ 略；

④ 其他严重扰乱市场秩序的非法经营行为。

误区 7：食品中含致癌物质一定会致癌

【案例背景】

张大爷听说蛋糕、薯条、面包这些食物中含有丙烯酰胺，吃了就得癌！吓得过生日时蛋糕都不敢吃了。

网上流传一份“十大致癌食品名单”，葵花籽、粉丝、油条等常见的食品都榜上有名；很多茄科植物中含有致癌物质尼古丁，比如茄子、辣椒、马铃薯以及枸杞等。小明听说食物中含有这么多致癌物质，一时间都不知道该吃什么好了。

【误区】

（1）食物中含有致癌物质就一定致癌。

（2）有毒污染物或毒素一定是致癌的。

【专家解析】

判断某种物质是否对身体有害，要有个“量”的概念，食物中的致癌物质是否致癌，主要与致癌物质在食品中的含量和人体对该食品的摄入量等有关，食物中含有致癌物质并不一定致癌。食品中发现有毒、有害物质，甚至致癌物质非常常见，比如烤鸭的外皮含有致癌物质，但量很少，我们也不是天天吃烤鸭，所以烤鸭不足以构成对消费者健康的影响。又以番茄为例，一次性吃几十千克番茄所摄入的尼古丁才会对人体造成危害。因此“可能致癌”和“致癌”是有本质区别的，然而这两个概念时常被媒体与大众误用，有时专家被采访时说的是某食物中存在某种污染物或毒素可能致癌，但经媒体、大众的传播后就变成食用某食物会致癌了。

食品中有害物质有生物性、化学性、物理性的，它们具有各自不同的毒性，包括急性毒性、亚慢性和慢性毒性、遗传毒性（基因突变、染色体损伤）、致癌性、神经毒性、免疫毒性、内分泌干扰毒性、致畸性、繁殖毒性。一种有毒污染物或毒素可能引起一种毒性，如马铃薯存放时间长，发芽后会产生龙葵素，甘蔗霉变后会产生一种神经毒素，但不致癌；还有一些毒素可能既能引起急性毒性，也能致癌，如黄曲霉毒素。能致癌的不仅有化学性的物质，还有生物性、物理性（放射线、电离辐射等）的物质。

致癌是慢性的，和其他急性毒性不一样，食品中致癌物质风险评估较其他毒性的毒物复杂，要考虑到长期低剂量的作用。食品中致癌物质标准限量的制定已考虑到这些因素。因此不管任何有毒污染物或毒素或致癌物质，只要在食品中含量不超过标准规定的限量都是安全的，也不会致癌。

【延伸阅读】

（1）致癌物分类。

根据国际癌症研究机构（IARC）对致癌物质的分类标准，致癌物质共分为四类（表1）。

表1　致癌物质分类

类别	致癌性	物质数	举例
1类	流行病学资料证明确认对人类致癌	122	乙醛、黄曲霉毒素、槟榔、苯、苯并芘、亚硝胺、咸鱼
2A类	流行病学数据有限，但是动物实验数据充足，很可能致癌	93	丙烯酰胺、4-甲基咪唑
2B类	流行病学数据不足，但动物数据充足；或流行病学数据有限，动物数据不足，可能致癌	319	苏丹红、糖精、咖啡因、三聚氰胺
3类	数据不足，未知	501	三氯乙烯

（2）食物中致癌物质的来源。

① 食品本身含有的天然成分。

食品本身产生的致癌物质。有些食品中含有亚硝酸盐，进入人体可以被转化为有致癌性的亚硝胺类的化合物。

② 食品在一定储存条件下自身发生变化而合成。

食品储存时发生霉变。如花生霉变易产生黄曲霉毒素，玉米霉变后会产生黄曲霉毒素、玉米赤霉烯酮、烟曲霉毒素、赭曲霉毒素等。某些青皮红肉的鱼类在不当储藏条件下会产生大量组胺，除引起过敏反应之外，在体内会产生亚硝胺，存在致癌风险。

③ 食品受到致癌物质的污染。

在种植、养殖、食品加工、运输和销售过程中由于自然因素或人为因素受到致癌物质的污染，如废水、废气等中含有大量的多环芳烃可污染空气、土壤和水源，使生长在这种环境中的蔬菜、水果、水产受到致癌物质的污染。给动植物不当地使用农药、兽药会使食物带入致癌物质。非法添加物更是存在着致癌风险。

④ 在食品加工烹调过程中产生。

高温油炸食品时油脂中不饱和脂肪酸会产生各种聚合物，如多环芳烃；鱼肉类食物在烹调过程中烧焦会产生致癌物质；烤鸭等烧烤制肉类，苯并芘含量可达 50 ppb。

（3）饮食和烹调中预防致癌措施。

① 尽量少吃那些可能含有致癌物质的食品，如酸菜、熏烤类的食物。

② 食物多样、合理营养是防止癌症发生的必要条件。要多吃新鲜的蔬菜、水果及全谷物，如芥蓝、油菜、花椰菜、莴苣、白菜、白萝卜等十字花科食物，柑橘类水果（橘子、柳橙、葡萄柚、柠檬等）、全麦、燕麦、糙米等食物。

③ 改变饮食和烹调方式。烹饪应少采用油炸、煎、烤的方法而多采用蒸、煮、炖的方法。

误区 8：食品添加剂不利于健康

【案例背景】

部分自媒体发布了一些用食品添加剂勾兑制作食品的视频，如“合成山楂果茶”“合成勾兑酱油”“人工合成牛排”“合成牛肉干”等。还通过“科技与狠活”（在食品生产中使用食品添加剂）、“海克斯科技”（游戏用词，指魔法和科技融合的技术）表示食品添加剂能将食材“化腐朽为神奇”，意指以食品添加剂合成的食品。

市售食品配料表里写着一堆添加剂名称，似乎比原料还多。这使得部分公众一听到“食品添加剂”就摇头：“不健康！不能吃！”

【误区】

（1）食品可以用纯食品添加剂合成。

（2）食品中不应该使用添加剂。

（3）长期食用含食品添加剂的食物不安全，不健康。

（4）“零添加”的食品就是安全食品。

（5）“自己做”就能远离食品添加剂。

（6）天然来源的食品添加剂比人工合成的更安全。

【专家解析】

食品添加剂的使用历史有几千年，如早在汉代，人们就将石膏放入了豆浆来制作豆腐，石膏就是一种食品添加剂。食品添加剂的作用主要体现在以下两个方面。

一是满足防腐保鲜和加工工艺的需要，如食用油中的抗氧化剂能够延缓和抑制油脂变质、产生异味；食盐中的抗结剂能吸附食盐中的水分，防止盐结块；果肉罐头里的防腐剂和充气包装中的氮气能够便于食品的生产、加工、包装、运输或者储存。

二是满足大众对口味或营养的需求，如冰激凌中的乳化剂、增稠剂能够增进润滑的口感，高钙饼干、高铁酱油里的营养强化剂能够保持或提高食品本身的营养价值，而甜味剂如糖精、安赛蜜、阿斯巴甜等，它们的甜度比蔗糖高得多，不但可以降低食品成本，减少能量摄入，还能够满足糖尿病患者对甜食的需求。

商店里琳琅满目的食品离不开食品添加剂，其给我们的生活带来很多便利。科学家一直不断去开发性能优良、安全可靠的添加剂新品种，满足消费者和食品工业的需要。食品添加剂让我们的食物变得更丰富、更安全、更优质。如果没有食品添加剂，那饼干、方便面就没有了。

但是食品添加剂毕竟是人为加入的物质，不是原本的食物组分，“外来”的物质总让人担心，导致人们拒绝食品添加剂，还形成了“长期吃食品添加剂肯定不好，即使安全也不健康”的观念。日本食品添加剂专家认为，每人每天平均通过食物摄入体内的食品添加剂近 100 种，总量 10 g，一年 4 kg 左右。消费者日常吃的食物，如三明治、冰激凌、月饼等，都含有各种食品添加剂。三明治中含有乳化剂、酵母粉、调味料、香料等 20 余种食品添加剂；冰激凌中的食品添加剂，主要起调味、着色、塑形、乳化等作用，少则几种、多则 10 种以上；中秋佳节大家普遍食用月饼，月饼中允许添加的食品添加剂多达几十种。但食品添加剂典型的用量都在 1% 以下，本案例中完全用食品添加剂合成的食品在日常生活中一般不可能出现。此举完全是为了制造焦虑、博眼球和赚流量。

那么长期吃食品添加剂真的不好吗？实际上我国对食品添加剂有严格的管理措施，《食品安全国家标准 食品添加剂使用标准（GB 2760—2014）》不仅规定了哪些东西可以用作食品添加剂，还规定了允许使用的范围和用量。在制定食品添加剂使用标准时都要充分考虑“终生、每天、大量摄入”的极端情况。一种化学物质要想成为食品添加剂，需要严密的科学实验来保障安全，都要经过极其严格的安全性毒理学评价，而且在实验过程中不仅考虑了长期、大量食用的后果，也考虑到了混合使用的安全性问题。因此网络上所谓的“长期大量摄入有害健康”几乎不可能出现。企业只要按标准使用规定的食品添加剂种类、使用范围和用量合理，用得得当就有益；不超剂量、不超范围使用肯定安全，市场上含食品添加剂的食品的安全性就有保障，消费者可以放心食用或饮用。

一些企业、商家利用消费者认知上的误区，为迎合消费者对食品添加剂的抵触心理，就在产品上故意标着“不含有食品添加剂”或者“零添加”的字样，以此为卖点吸引消费者。而事实上，“零添加”的食品和饮料未必是安全健康的，有些甚至存在更大的安全隐患。比如，如果把防腐剂取消了，食品的货架期会大大缩短，消费者使用也不便，一旦不严格控制好储存条件，一些易腐的“零添加”“纯天然”食品就会变质，引起食物中毒。一些传统工艺制作的不加防腐剂的食品（如古法酿制的酱油、黄酱或熬制的果酱等），往往需要采取高浓度的糖、盐等其他方式来抑制细菌生长、起到防腐作用，而长期高糖高盐对人体未必就是健康的。再比如，如果没了抗氧化剂阻止或推迟食品的氧化变质，我们日常使用的食用油会很快自动氧化形成有害的物质，产生俗称的“哈喇味”，也会带来不安全。食品包装上标注食品添加剂只是用来满足消费者的知情权，消费者真没有必要为其安全性感到纠结，也不要为所谓的“零添加”或“不含××添加剂”噱头买单。

那么“自己做”就不会接触食品添加剂了吗？答案是否定的，烹调中使用的调料中都含有食品添加剂。人类最开始的时候，食物仅用于充饥，我们的祖先从大自然中自己寻找食物，找到什么吃什么。随着人类的发展，人们对于食物的要求也就不止于饱腹了，而是开始追求更具色、香、味的食品。因此催生了色素、香精等物质的出现。另一方面，为了便于食品的存放，在20世纪50年代，化学品在食品保藏的使用也日益增多。这样又带来了“天然来源的食品添加剂比人工合成的更安全”的说法，这种说法可能与人们普遍存在“化学恐惧症”有关，其实不论是天然来源还是人工合成的食品添加剂都是“化学物质”，在管理上也是一视同仁，用同样的方法和标准去评估其安全性。因此批准使用的食品添加剂是同样安全的，无论何种来源。

【延伸阅读】

食品添加剂在食品工业中大规模地生产并使用，从而形成了食品添加剂行业。我国的食品添加剂行业是随着食品工业的发展而发展起来的，是为了满足人们对食品感官品质、便于保存以及种类多样等需求。因此可以说食品添加剂的出现是人类发展的必然产物。食品添加剂的出现已经改变了我们的生活，成了我们生活中不可分割的一部分。与其一味避免，如何与食品添加剂和平共处才是我们更应该关注的问题。我国的国家标准对每一种允许使用的食品添加剂都规定了其使用范围和最大使用量，为我们的食品安全提供了保障。

(1)《食品安全国家标准 食品添加剂使用标准（GB 2760—2014)》。

我国现行版《食品安全国家标准 食品添加剂使用标准(GB 2760—2014)》中将食品添加剂定义为“为改善食品品质和色、香、味，以及为防腐、保鲜和加工工艺的需要而加入食品中的人工合成或者天然物质”。食品用香料、胶基糖果中基础剂物质、食品工业用加工助剂也包括在内。食品添加剂按功能分为 23 个类别，平时经常听说的食品添加剂包括防腐剂、增稠剂、抗氧化剂、甜味剂、香精香料、色素等，还有一些可能大家不太熟悉，比如加工助剂、营养强化剂等。我国目前批准使用的食品添加剂，包括天然或人工合成的添加剂有 2 400 种左右。常见的防腐剂如酱油中的苯甲酸钠、果酱里的山梨酸钾；常见的增稠剂如酸奶中的果胶、果汁中的黄原胶；常见的抗氧化剂如食用油中的叔丁基对苯二酚（TBHQ)；常见的甜味剂如口香糖里的木糖醇、饮料中的阿斯巴甜；常见的色素如腐乳中的红曲红、饮料中的焦糖色。另外，维生素 C、维生素 E、维生素 B_2 也是食品添加剂。还有一些东西看起来不像食品添加剂，实际上却是这个大家庭的一员，比如加工助剂里的氮气、氢气、二氧化碳、活性炭等。

标准中规定了食品添加剂使用时应符合以下基本要求：① 不应对人体产生任何健康危害；② 不应掩盖食品腐败变质；③ 不应掩盖食品本身或加工过程中的质量缺陷或以掺杂、掺假、伪造为目的而使用食品添加剂；④ 不应降低食品本身的营养价值；⑤ 在达到预期效果的前提下尽可能降低在食品中的使用量。

标准列出了允许使用食品添加剂的四种情况：① 保持或提高食品本身

的营养价值；② 作为某些特殊膳食用食品的必要配料或成分；③ 提高食品的质量和稳定性，改进其感官特性；④ 便于食品的生产、加工、包装、运输或者贮藏。

GB 2760—2014 标准以肯定列表的形式，对允许使用的食品添加剂品种、食品添加剂的使用范围及最大使用量或最大残留量等均作出严格的规定（表2、表3）。

表2　柠檬酸及其钠盐、钾盐的使用说明

食品分类号	食品名称	最大使用量	备注
13. 01	婴幼儿配方食品	按生产需要适量使用	
13. 02	婴幼儿辅助食品	按生产需要适量使用	
14. 02. 02	浓缩果蔬汁（浆）	按生产需要适量使用	固体饮料按稀释倍数增加使用量
柠檬酸及其钠盐、钾盐 CNS 号　01. 101，01. 303，01. 304 功能　酸度调节剂		citric acid，trisodium citrate，tripotassium citrate INS 号　330，331iii，332ii	

表3　柠檬酸铁铵使用说明

食品分类号	食品名称	最大使用量/（g/kg）	备注
12. 01	盐及代盐制品	0. 025	
柠檬酸铁铵 CNS 号　02. 010 功能　抗结剂		ferric ammoniun citrate INS 号　381	

（2）食品添加剂的使用限量是怎么来的？

食品添加剂的安全性口说无凭，必须有科学证据支持。首先，经过严格的动物实验和科学的风险评估，得出一个 ADI 值（每千克提供人的每日允许摄入量），在估算摄入量的时候，科学家用了三层安全系数。先是按摄入量比较大的情况估计，比如 P95，也就是 100 个人里食量排在第五位的那个，一般人是吃不到这么多的。其次所有含食品添加剂的食品都按限量值计算，也就是再多加一点就超标了，而实际上我们吃到的绝大多数食品是不超标的。另外，这个估算还是按照终身每天都这么吃，显然现实中不可能。通过高估摄入量如果依然安全（低于 ADI），就是科学家认定食品添加剂限量的科学依据。当然，这个安全系数是用来保护消费者健康的，而不是告诉违法生产者和监管者“随便加也吃不出问题”。如果我们摄入的量比ADI小或相同，那么认为是安全的。如果比ADI大，认为存在风险，但其实未必真的有健康问题。因此，只要是按国家标准中规定的食品添加剂使用范围和使用量生产的食品，就不会产生健康风险。

（3）为什么有的食品添加剂没有使用限量？

有一些食品添加剂没有使用限量，在国家标准中的描述是“按生产需要适量使用”，也就是说“想用多少用多少”。这么干能行吗？安全吗？其实，这些食品添加剂要么安全性高到随便用到需要的极限都不会有问题，比如很多乳化剂、增稠剂；要么是不可能用到产生健康损害的量，也就是具有“自限性”，比如香精香料、酸度调节剂等。香精加一点就很香，如果用多了，味道反而没法接受。再比如甜味剂阿斯巴甜、甜菊糖、甜蜜素、呈味核苷酸二钠、谷氨酸钠等，也都是加多了根本没法吃，复配的咸味香精（一滴香）其实也是这个道理。而酸度调节剂也是不可能多用的，比如碳酸氢钠（小苏打），做馒头的时候如果放多了，馒头会发黄、味道发涩。而且针对消费量大的主要食物也不允许添加所有安全性高、随便加（按生产需要适量使用）的食品添加剂。再有就是工艺必要性和成本的限制，按照国家标准规定在达到预期效果前提下应该尽可能降低食品添加剂在食品中的使用量。例如，增稠剂瓜尔胶、黄原胶、果胶、卡拉胶等，安全性相当高不说，如果使用5 g/kg已经能达到预期效果了，同时考虑到成本，精明的经营者也不会多加。

误区 9：使用食品添加剂就是美化劣质食品

【案例背景】

媒体上曝光：部分鸭蛋中检出的苏丹红、牛奶中检出的三聚氰胺、火锅底料中检出罂粟壳、腐皮和腐竹用碱性嫩黄着色、卤制熟食被查出酸性橙、发酸的食品加点小苏打、变色的食物加点胭脂红……赵大爷因此很是焦虑与困惑，添加剂是美化剂吗？是有害的吗？

【误区】

（1）添加到食品中的东西就是食品添加剂。

（2）食品添加剂等于有害物质。

（3）食品添加剂是劣质食品的美化剂。

【专家解析】

食品添加剂用于改善食品的颜色、味道、松软度、口感等品质，或防腐延长保存期，或便于加工生产，是食品工业技术进步和科技创新的重要推动力。没有食品添加剂，就没有现代食品工业和现在丰富多彩的食品。

现在造成部分人“谈添加剂色变”的原因，在于混淆了“正常使用食品添加剂”与“滥用添加”“非法添加”三者的概念。超范围、超量使用食品添加剂，如“染色馒头”事件，就是在馒头中添加柠檬黄色素，以制造用玉米面为原料的假象。柠檬黄是食品添加剂，但不能用在馒头中。这种行为属于滥用添加剂。案例中苏丹红、三聚氰胺都是化工原料，是非食用物质，前者让鸭蛋蛋黄变得更红，后者用于伪造牛奶中较高的蛋白质含量。碱性嫩黄、酸性橙都是用于着色的工业颜料，是非食用物质，属于非法添加物，还有在粉丝里加滑石粉，蜜饯里加漂白剂，猪肉里加瘦肉精，火腿里加敌敌畏，腐竹里加吊白块等，都是人为加入食品中的非法添加物，不能与使用食品添加剂混为一谈，不能让合法使用的食品添加剂“背锅”。非法添加物、滥用食品添加剂是有害的，按规定使用食品添加剂是安全的。公众把这些媒体上经常曝光的非法添加物误认为是食品添加剂，把非法添加物和食品添加剂画上了等号。

非法商贩在发酸的食品加点小苏打中和酸度，在变色的食物加点胭脂红使其变得鲜艳的操作中，小苏打和胭脂红都是食品添加剂，但使用目的是掩盖食品本身或加工过程中的质量缺陷，不符合添加剂使用的要求。食品添加剂应该补充食品的天然不足，做的是锦上添花的事。另外市面上那些假牛肉、假羊肉就是有的企业使用香精香料、色素这些食品添加剂来掩盖食品缺陷、掺假、伪造和以次充好，从而使很多消费者对食品添加剂产生误解或偏见。所以要擦亮眼睛，不要看到“添加剂”就认为有问题，不是添加到食品中的东西都叫食品添加剂。

我国有专门的国家标准——《食品安全国家标准 食品添加剂使用标准（GB 2760—2014）》，凡是不在这个标准中的物质都不叫食品添加剂。而且 GB 2760—2014 中明确规定：食品添加剂不应掩盖食品本身或加工过程中的质量缺陷或以掺杂、掺假、伪造为目的而使用食品添加剂。企业在规定范围和最大使用量内使用食品添加剂，不滥用，其产品就是合格的，消费者可放心选用。

【延伸阅读】

随着社会的发展，我们的食品消费从完全家庭自制、就近购买逐步转变为足不出户即可品尝世界各地的美食，在这方面，食品添加剂功不可没。因为，大多数食品需要防腐剂才能在经历漫长的旅程后仍旧保持原有的品质和营养，而不至于还未到达销售地就腐烂、变质、变色。不仅如此，食品添加剂还带来了丰富多彩的食品，同时我们也应避免由于滥用食品添加剂可能带来的健康风险。

食品添加剂和难以避免地来源于环境的污染物相比，这种“主动行为”是完全可控的。对其安全性应持以下态度。

① 科学家要做到用充足的数据制定科学的食品添加剂标准，除了规范

食品添加剂的使用量，对其使用范围、使用原则也要明确规定。

② 食品生产者要按照国家的要求合理合法使用食品添加剂，也应该研发更加合理的食品配方和工艺，在达到工艺要求的前提下，尽量减少食品添加剂的使用量。

③ 监管者应该做好生产环节监督和市场监督抽检，打击非法添加、滥用添加剂的行为，清除那些害群之马，确保消费者买到的绝大多数产品是合格的。

④ 消费者真没有必要为安全性感到纠结，食品包装上标注食品添加剂只是用来满足消费者的知情权，不要因看到配料中密密麻麻的食品添加剂名称烦恼，也不要为所谓的“零添加”或“不含××添加剂”的噱头买单。从正规渠道购买正规厂家的产品，是消费者保护自己的最佳手段。

需要强调的是，食品添加剂没有好坏之分，它们都是食品工业的好伙伴，只有使用它的人才有好坏之分。无论违法添加（比如苏丹红、三聚氰胺等），还是滥用食品添加剂（比如染色馒头），都应该严厉打击。

误区 10：纯天然食品就是零添加的安全食品

【案例背景】

王阿姨逛超市的时候，总是喜欢购买那些标着“不含防腐剂”“不含添加剂”或者“零添加”的食品，很多人经常以此为购买食品的首要选择条件，认为这样的食品才是纯天然的、健康安全的。

【误区】

（1）纯天然食品就是最安全的食品。

（2）含有防腐剂的食品是不安全的。

（3）“纯天然成分、零添加”就是健康食品。

（4）纯天然食品就是不含任何化学物质的食品。

（5）纯天然食品 = 有机食品 = 绿色食品。

【专家解读】

石器时代的人类依靠打猎、采摘获取的食物应该是纯天然食物，进入农耕时代后种植、养殖丰富了人类食物，科技的发展、农药和化肥的出现使农产品不断增产。农产品的丰富和食品工业的发展带来了琳琅满目的加工食品。“纯天然”三个字并没有公认的科学定义和规范标准。从字面上理解，严格讲“纯天然”是指在自然环境下生长的农产品及其少量加工的食品，其间不使用任何农药、添加剂等。或理解为一切非人工合成的东西都可以称之为“纯天然”。其实，随着化肥、农药和兽药的广泛使用，不管是天然长成，还是人工培育，食品生长的大环境其实是没有太大差异的，纯天然食物基本上已经不存在了。在很多人看来，纯天然、新鲜的食物才是最健康的，任何加工过的、使用食品添加剂等的食物都是有害的，然而纯天然不等于安全。天然食品如食用菌、黄花菜、扁豆本身含有天然毒素，食用不当会中毒，每年在盛产野山菌的云南地区频频发生误食有毒菌种中毒死亡的事件。环境中残留的农药等人工化合物会污染种植、养殖的农产品。很多纯天然食品的保质期短，很容易变质，所以很难保证其安全性。

防腐剂是让消费者受益最大的食品添加剂之一。在防腐剂出现之前，食品的货架期很短，人们也只能就近购买食物。传统食品防腐主要依靠晒干、高糖或高盐腌渍等方法。山梨酸钾、苯甲酸钠等防腐剂解决了食品保存和远距离运输的难题，大大降低了食源性疾病风险，既保障了食品安全又避免了食物浪费，让生活更加便利。有些被广泛应用的防腐剂也是天然存在的。例如，常用的防腐剂苯甲酸及其盐类就天然存在于蓝莓、蔓越莓、月桂等中，而山梨酸在花楸树籽中也天然存在。尽管食品工业中使用的苯甲酸和山梨酸大多是人工合成的，但它们和天然物质的化学结构一模一样，属于同一种物质，没有必要为添加而过度担心。伴随时代发展，已有越来越多的食材被研制成食物，现有不同种类的食品添加剂加入食品中以求更好地保证食品的新鲜、安全。食品防腐剂已与人们的日常生活密不可分。防腐剂主要通过破坏微生物的细胞结构或干扰微生物正常的生理功能等方式实现防腐作用。只要按国家标准在规定范围内使用就可以保证食品安全，对人体健康无害。所以，“不含防腐剂”不应当成为消费者优先购买某种食品的主要理由。

“纯天然食物”是很多商家为了吸引顾客而打造的标签。我们在购买商品的时候，不用刻意地去选购那些贴了“纯天然”标签的食物。“不含防腐剂”“无任何添加剂”一时也成为厂家使用的宣传用语。很多国家的食品管理部门并未对“纯天然”的标识做过多的限制，也因此为很多商家借此炒作提供了便利。其实只要是严格按标准使用食品添加剂的食物，基本上就是安全以及健康的食物。印有“不含防腐剂”的食品也并不等于同时也不含抗氧化剂、香精、色素、发色剂、增鲜剂等其他食品添加剂，不能保证它是纯天然状态。“纯天然成分、零添加”是商业宣传手段，食品是否安全和健康，和是否是“纯天然成分、零添加”没有必然联系。从广义上来看，任何食物其实都是天然的：猪油是从天然的猪肉中提取的，让人发胖的果葡糖浆是由天然的玉米发酵得来的，反式脂肪酸实际上也是“天然”

的植物油氢化得来的。

很多人看到“纯天然食品”几个字，就容易联想到——它是来自无污染的山林或小溪，是没有经过化肥、农药等外界因素干扰过的“原装货”。其实，没有“纯天然食品”法定概念，目前有的或曾经有的概念是普通食品、无公害食品、绿色食品、有机食品，其中有机食品、绿色食品需要经过专门机构认证。“纯天然食品”既不代表“有机食品”，也不代表“绿色食品”或“普通食品”，所以“纯天然食品”不能与绿色食品、有机食品等同起来。

【延伸阅读】

（1）防腐剂的安全性。

凡是国家标准允许使用的防腐剂都经过了安全性评价，规范使用不会给消费者的健康带来损害，其安全性不足为虑。没有防腐剂，更容易引发问题，比如一些食品从生产、流通、销售到食用的周期较长，而微生物在其中很容易生长繁殖并产生毒素。例如，花生发霉能够产生毒性为砒霜毒性 68 倍的黄曲霉毒素，对健康的危害更大。从这一角度讲，防腐剂能够使我们的食品更安全，合理使用才是关键。有一些不法商贩，滥用防腐剂，或是使用防腐剂来掩盖食品的质量缺陷，都属于违法违规行为，无论对健康有害没害都需要严厉打击！

（2）普通食品、绿色食品、有机食品。

日常食品按照安全程度，可分为以下三种。

① 普通食品：允许施加法规限定种类范围及添加量内的化肥、农药、牲畜饲料。

② 绿色食品：在无污染的条件下种植、养殖，施有机肥料，不用高毒性、高残留农药，在标准环境、生产技术、卫生条件下加工生产。

③ 有机食品：生产过程中不使用农药、化肥、生长调节剂、抗生素、转基因技术，仅可使用有机肥和生物源农药。

按照国家相关规定，有机食品在生产过程中不得使用任何合成的化肥和农药，同时产地周围一定距离内不得存在工厂等污染源。绿色食品是我国特有的食品安全分级，包括 AA 级和 A 级，是指按特定生产方式生产，并经国家有关的专门机构认定，准许使用绿色食品标志的营养型食品。其中AA级接近有机食品，在生产过程中不使用任何有害化学合成物质；A级低于有机食品，指在生态环境质量符合规定的产地，限量使用限定的化学合成物质，经认证合格的优质农产品及其加工制品。无公害食品是由农业行政部门审核批准的，现已取消。因为无公害是对食品的最低要求，也就是普通食品应该达到无公害标准要求。

相比之下，有机食品标准最高，要求最严，是受到国际认证的环保生态食品，包装上标注有机认证标识、有机码、认证机构名称等信息，特点是安全性高、品质好、有益于人体健康，当然价格也较高。次之为绿色食品，在生产过程中使用限量化学合成物质的，称为A级绿色食品；绝对不使用任何化学药品和添加剂的，称为AA级绿色食品，包装物上印制有绿色食品标志图形、文字和企业信息码或防伪标识。

(3) 传统手工制作食品的安全性。

传统食品手工制作技艺作为文化越来越被人们重视，甚至积极申报非物质文化遗产项目。如梨膏糖、上海黄酒、钱万隆酱油等，但是按现在的食品安全要求来看，不少古老的传统食品手工制作技艺可能会产生食品安全风险。例如，梨膏糖生产中的多种传统器具、钱万隆酱油的传统生产工艺就存在安全隐患。某些“传统工艺”本身就存在安全隐患，如用含铅配料做松花蛋，用硼砂处理米粉和粽子，用含铅小转炉做爆米花，用硫黄熏果脯蜜饯，土榨花生油黄曲霉毒素超标等，均会给食用者带来健康风险。因此，在守住“手工制作特色”、实施非遗生产性保护的底线的基础上，还是要改进工艺，保证食品安全，挖掘文化内涵。

误区 11：非法添加物应列入食品安全标准内

【案例背景】

近日，某市有关部门捣毁一非法食品加工窝点，查获一批添加火碱的牛肚、鱿鱼、鸭肠、海参，抓获张某等 3 名犯罪嫌疑人。该团伙主要利用过氧化氢、工业火碱等有害物质，通过发制、漂白、浸泡等流程，加工有毒、有害的牛肚、鱿鱼、鸭肠、海参等产品并进行销售。

【误区】

（1）非法添加物应列入食品安全标准内。
（2）国家应该制定非法添加物的标准。

【专家解析】

食品安全标准是基于食品正常生产加工过程中可能污染和产生的有害物质和因素，通过风险评估和实际检测结果以及广泛交流后，规定食品产品中存在的有害物质限量及其检测方法。这是国际通行的食品标准制定方法。只有当某些有毒、有害物质可能在食品正常生产过程中带入或者天然存在于食品中，根据风险评估结果，可能对人体健康造成不良影响，涉及的食品对消费者总暴露量有显著性意义，制定标准后对消费者可以产生公共卫生保护意义的才列入食品安全标准。所谓非法添加物是指人为故意添加到食物中的物质，属于非正常生产加工行为，如牛乳中加入三聚氰胺，辣椒粉中加入苏丹红和本例产品中的过氧化氢、工业火碱等，此类物质成千上万，无法预料。《中华人民共和国食品安全法》第三十四条明确规定禁止生产经营用非食品原料生产的食品或添加食品添加剂以外的化学物质和其他可能危害人体健康物质的食品。非法添加化学物质属于违法行为，不适宜通过制定限量标准加以管理。那么政府就不管了吗？当然不是，我国确定了黑名单制度，只要发现一个非法添加物就由食品药品安全监管部门将其列入黑名单管理。

【延伸阅读】

可以参考以下原则判定一个物质是否属于非食用物质：

① 不属于食品原料的。

② 不属于新资源食品的。

③ 不属于国家卫生健康委员会公布的食药两用或作为普通食品管理物质的。

④ 未列入我国食品添加剂使用标准及卫生行政部门食品添加剂公告、营养强化剂品种名单［《食品安全国家标准 食品营养强化剂使用标准(GB 14880—2012)》及卫生行政部门强化剂公告］的。

⑤ 我国法律法规允许使用物质之外的其他物质。

目前已经发现的常见违法添加的非食用物质主要包括：非法着色剂（苏丹红、孔雀石绿、美术绿、碱性嫩黄、酸性橙Ⅱ、碱性黄）、非法漂白剂（荧光粉、吊白块）、非法防腐剂（甲醛、工业硫黄、敌百虫、敌敌畏）、非法饲料添加剂（瘦肉精）、非法掺假物（三聚氰胺、工业乙醇）等。

误区 12：农产品不该使用农药

【案例背景】

2016 年，一篇关于中国“每年每人吃掉 2. 59 kg 农药”的网传热帖让不少人疑虑重重，虽然已证实这是谣言，相关报道也针对这一虚假内容进行辟谣，但还是让一部分人心有余悸，希望农产品种植不再使用农药。

【误区】

（1）农药都是有害的化合物，农产品不该使用农药。

（2）农药都是剧毒的。

【专家解读】

我国是一个人口众多但耕地紧张的国家，粮食增产和农民增收始终是农业生产的主要目标，而使用农药控制病虫草害从而减少粮食减产是必要的技术措施。不使用农药或使用量明显不足时，会影响农产品产量，农产品价格会随之上涨，甚至会造成更深层次的影响，所以完全不使用农药是不现实的。农药作为控制农林作物病、虫、草、鼠等有害生物危害的特殊商品，在保护农业生产、提高农业综合生产能力、促进粮食稳定增产和农民持续增收等方面，发挥着极其重要的作用，是现代化农业不可或缺的生产资料和救灾物资。

农药是指农业上用于防治病虫害及调节植物生长的化学药剂，按用途主要可分为杀虫剂、杀菌剂、除草剂、植物生长调节剂等；按毒性高低可分为剧毒、高毒、中等毒、低毒和微毒农药。我国对农药安全性进行严格管理，《中华人民共和国农产品质量安全法》中明确规定，农产品生产经营者应当科学合理使用农药、兽药、饲料和饲料添加剂、肥料等农业投入品，严格执行农业投入品使用安全间隔期或者休药期的规定；不得超范围、超剂量使用农业投入品危及农产品质量安全。《农药管理条例》具体规定了农药登记、农药生产经营许可制度、农药安全及合理使用制度。我国农药登记采取了最严格的管理，一种化合物要经过毒理学、药效、残留和环境影响等一系列试验，符合条件方能取得在相应的作物上防治相应病害的农药登记。所做实验包括两年18项急性、亚慢性和慢性等安全试验，绝不批准存在致癌、致畸等安全隐患的产品登记，对人、畜、天敌和环境有害的化合物是拒绝登记的。我国先后禁止了33种高毒农药，如甲胺磷等在一些发达国家仍在广泛使用的产品，同时大力发展生物农药。

《农药安全使用规范　总则（NY/T 1276—2007)》具体规定了农药选择、农药购买、农药配制、农药施用、安全防护等规范。在使用农药的过程中要严格按照农药的标签标注的使用范围、使用方法和剂量、使用技术要求和注意事项使用农药，不得扩大使用范围、加大用药剂量或者改变使用方法。只要规范、合理使用农药，就能确保农药使用安全和农产品的安全。

【延伸阅读】

(1)《农药管理条例》相关内容。

① 农药定义：用于预防、控制危害农业、林业的病、虫、草、鼠和其他有害生物以及有目的地调节植物、昆虫生长的化学合成或者来源于生物、其他天然物质的一种物质或者几种物质的混合物及其制剂。

② 农药使用范围：

预防、控制危害农业、林业的病、虫（包括昆虫、蜱、螨)、草、鼠、软体动物和其他有害生物；

预防、控制仓储以及加工场所的病、虫、鼠和其他有害生物；

调节植物、昆虫生长；

农业、林业产品防腐或者保鲜；

预防、控制蚊、蝇、蜚蠊、鼠和其他有害生物；

预防、控制危害河流堤坝、铁路、码头、机场、建筑物和其他场所的有害生物。

③ 农药生产应取得农药登记证和生产许可证，农药登记证应当载明农药名称、剂型、有效成分及其含量、毒性、使用范围、使用方法和剂量、登记证持有人、登记证号以及有效期等事项。

④ 农药经营应取得经营许可证，农药使用应按照标签规定的使用范围、安全间隔期用药，不得超范围用药。

⑤ 剧毒、高毒农药不得用于防治卫生害虫，不得用于蔬菜、瓜果、茶叶、菌类、中草药的生产，不得用于水生植物的病虫害防治。农药使用者不得使用禁用的农药，比如六六六、滴滴涕、毒杀芬等。对于限制使用的农药，农药使用者不得超范围用药，比如毒死蜱和三唑磷不能在蔬菜上使用，氟苯虫酰胺禁止在水稻上使用。

（2）农药毒性评价。

衡量农药毒性的大小，通常用半数致死量（致死中量或致死中浓度），符号 LD50。其含义是每千克体重动物中毒致死的药量。中毒死亡所需农药剂量越小，其毒性越大；反之，其毒性越小。利用 LD50 这个指标，可以将农药划分为以下五类。

① 剧毒农药。LD50 为 1～50 mg/kg 体重。

如杀螟威、久效磷、甲胺磷、异丙磷等。目前剧毒农药都已经被禁止使用。

② 高毒农药。LD50 为 51～100 mg/kg 体重。

如呋喃丹、氟乙酰胺、氰化物、磷化锌、磷化铝等，大多都已禁止使用，但作物储量熏蒸剂的磷化铝被严格限制使用及出口。

③ 中毒农药。LD50 为 101～500 mg/kg 体重。

如杀螟松、乐果、稻丰散、乙硫磷、亚胺硫磷等，这些农药虽然并未完全禁用，但使用场所有着严格的限制，且逐渐被低毒、微毒农药替代。

④ 低毒农药。LD50 为 501～5 000 mg/kg 体重。

如敌百虫、杀虫双、马拉硫磷、辛硫磷、乙酰甲胺磷、二甲四氯、丁草胺、草甘膦、托布津、氟乐灵、苯达松、阿特拉津等，目前仍然被大量使用，但使用场合和方式也在被逐渐规范。

⑤ 微毒农药。LD50 为 5 000 mg/kg 体重以上。

如多菌灵、乙磷铝、代森锌、噻虫嗪，阿维菌素等，目前是市场的主流品种。

（3）农药应用发展趋势。

① 禁用或限用高风险性农药。这类农药即便是对作物生长有利，能够针对性地杀虫、灭虫，但和人体生命安全相比，就显得没有那么重要了。例如，甲拌磷虽然能够对棉花等大田作物进行很好的土壤害虫防治，但是它带有强烈毒性，短期内若人体大量接触就会造成中毒，甚至直接导致猝死；涕灭威虽然是主要的农用杀虫剂，对棉红蜘蛛、棉蓟马等虫类极具杀伤力，但是它属于3类致癌物；水胺硫磷则更是于无形中对人体生命健康造成威胁，因为它能够通过食管、呼吸道、皮肤等引发人体中毒。实际上农药禁用或限用也是未来绿色生态农业的主要发展趋势。

② 目前销售和使用的绝大多数都是中等毒性和低毒的农药。

③ 将来取而代之的是高效低毒或者无毒的农药。

（4）农业投入品。

农业投入品是指在农产品生产过程中使用或添加的物质，包括种子、种苗、肥料、农药、兽药、饲料及饲料添加剂等农用生产资料产品和农膜、农机、农业工程设施设备等农用工程物资产品，也包括不按规定用途非法用于农产品生产的物质，如孔雀石绿和瘦肉精。农业投入品是关系农产品质量安全的重要因素，严格规范农业投入品的使用，明确相关法律责任十分必要。所涉及的相关法律、行政法规主要有：《中华人民共和国农业法》《中华人民共和国渔业法》《中华人民共和国畜牧法》《农药管理条例》《农业转基因生物安全管理条例》《中华人民共和国种子法》《饲料和饲料添加剂管理条例》《兽药管理条例》等。

误区 13：有农药残留的农产品不能吃

【案例背景】

草莓成熟季到了，小张带着孩子前去果园采摘，边摘边吃，还买了不少带回家。但是小张回家看到媒体说草莓上残留的农药种类很多，吓得赶紧对家人说："草莓上有很多农药，不能再吃了。"小张立即上网找到清除农药的方法——"滴三滴白醋入水中，泡蔬菜水果两分钟，即可把农药清除"。

【误区】

（1）有农药残留的农产品是不安全的。

（2）家里用醋泡蔬菜水果就能清除农药残留。

【专家解读】

人们判断农产品是否安全往往按《食品安全国家标准 食品中农药最大残留限量（GB 2736—2021）》规定，通过检测农药残留看是否在允许范围内，而不是看有没有使用农药。农产品中农药的残留取决于农药使用是否合理、规范。所谓合理使用农药就是按农药使用标准规定或按农药说明书标示的最高用药量或最低稀释倍数、最多使用次数和安全间隔期（最后一次施药到收获期的天数）进行使用，以保证食品中农药残留不超过最大允许残留限量标准。

农药残留是施药后的必然现象。为确保农产品的安全，各国根据农药的健康风险评估和本国农药的食物暴露情况，在充分交流的基础上制定农药残留限量标准，通过检测残留量是否低于标准限量来判断食物的安全性。

在制定残留标准时增加了至少100倍的安全系数，因此残留标准具有很大的保险系数。举例来说，如果食品中某农药残留量达到50 mg/kg时可能会出现安全风险，那标准将定为0.5 mg/kg。因此，即使误食农药残留超标不大的农产品也不会发生安全事故，只要残留不超标，就不会出现安全问题，就像我们每天呼吸可能会吸进病菌，但不一定会发病，过分担忧和处理农药残留是没有必要的。

如果担忧农药残留，为了降低、清除农药残留，在食用前有意识地对农产品进行处理，当然无可厚非。本案例中用醋泡菜去除农药的方法并不科学。醋能够溶出具有氨基和碱基结构的偏碱性的农药，对于偏酸性的农药，效果就不好了。因此醋不能去除所有农药，醋绝非万能的蔬果清洁剂。我国常用有机磷农药属于水溶性农药，可以用清水直接清洗掉。对于叶类蔬菜表面的残留农药，先用温水清洗2～3次，然后适当浸泡，再清洗，最后烹调，这样其表面80%～90%的残留农药都可以清除。对于被蔬菜吸收的农药，难以洗掉，只能在烹调时适当地延长时间，让烹调温度高一些，尽量减少残留。另外，新买的蔬菜放一两天再吃，也会有利于农药的降解。

【延伸阅读】

（1）《食品安全国家标准 食品中农药最大残留限量（GB 2763—2021）》。

农药施用后可能会发生变化，不一定是原来的化合物，所以要制定农药残留限量标准。GB 2763—2021是现行有效的国家标准，规定了564种农药10 092项最大残留限量。每一种农药规定了用途、每日允许量（ADI）、残留物、最大残留量和检测方法（表4）。其中残留物是指由于使用农药而在食品、农产品和动物饲料中出现的任何特定物质，包括被认为具有毒理学意义的农药衍生物，如农药转化物、代谢物、反应产物及杂质等。

表 4　苯嗪草酮的农药残留限量标准

项目	苯嗪草酮
主要用途	除草剂
ADI	0.03 mg/kg bw
残留物	苯嗪草酮
最大残留限量	0.1 mg/kg（以甜菜为例）
检测方法	糖料参照 GB 23200.34、GB/T 20769 规定的方法进行检测

标准中还列出了豁免制定食品中最大残留限量标准的 44 个农药名单，如：枯草芽胞杆菌、黏虫颗粒体病毒、三十烷醇、低聚糖素、混合脂肪酸等，这些不需要考虑残留问题。

（2）如何减少农药残留？

农药在为人们带来巨大的经济效益的同时，也因为农药的管理不当或者使用不科学，给自然环境和食品安全造成了严重的影响。减少农药残留方法包括：一是全面开展病虫害综合防治，减少农药使用量；二是规范农药的使用，减少农药残留量；三是大力推广生物农药，减少化学农药的使用，不断降低农药残留水平。

农贸市场、超市、社区便民菜站等正规场所售卖的鲜食农产品在上架前，都经历了必要的检测程序，其质量安全可以得到有效保障。非正规场所售卖的农产品，由于其来源不清，质量安全得不到有效保障，消费者应谨慎购买。

（3）日常生活中如何去除农药残留？

由于农药的不同化学性质、食品的不同等原因，不可能有一种万能的去除食品中农药的方法。去除农药残留的方法很多，概括起来有以下三类。

① 物理去除法。放置、水洗或浸泡、洗涤剂洗涤、去皮、光照、加热、超声等，有研究表明以上方法的农药清除率在 20% ~70%。蔬菜、水果在储放过程中，空气中的氧和蔬菜、水果中的酶等活性物质能与残留的农药发生化学反应，使农药氧化降解，减少农药残留量，从而降低其毒性。光谱效应也会使蔬菜、水果中部分残留农药被分解、破坏。经日光照射后的蔬菜、水果，农药残留较少。一些耐储藏的马铃薯、白菜、黄瓜、番茄、甘蓝、卷心菜等，购买后可以放几天，一方面可以使其继续熟化，另一方面农药会伴随时间被降解，残留减少。热水中农药的溶解性增强，因此一

些蔬菜上面残留的农药通过加热或把蔬菜放在开水中煮上 1 ~3 分钟可以清除，再清洗干净后烹调。

② 化学去除法，如酸、碱、盐、过氧化氢、洗涤剂、过氧乙酸、次氯酸盐、臭氧等。将表面污物冲洗干净的蔬菜、水果浸泡到小苏打水中（一般 500 mL 水中加入小苏打 5 ~10 g）15 分钟左右，然后用清水冲洗 3 ~5 遍后漂洗干净，可消除有机磷残留的 80% ~90%。次氯酸盐、臭氧降解率均在 50% 以上。

③ 生物酶法：解毒酶、OPD 酶蛋白。果蔬农药残留通常分为两类：一类是附着式，农药残留只附着在果蔬表面；一类是内吸式，农药残留渗入果蔬内部。韭菜、卷心菜、小白菜、菠菜、蕹菜等叶类蔬菜农药残留量相对较大。一是因为叶菜的虫害比较严重；二是因为它们的生长周期短，农药来不及分解就已经上市。而根茎类蔬菜如马铃薯、胡萝卜、山药等农药残留较少。家庭中最简单易行的方法是先用温水清洗 2 ~3 次，然后适当浸泡（可加碱），再清洗，最后烹调，这样附着在叶类蔬菜表面的残留农药的 80% ~90% 都可以清除。而对于被吸收进入农产品内部组织的少量农药残留，难以洗掉，只能在烹调时适当地延长时间，让烹调温度高一些，尽量减少残留。另外，新买的蔬菜放一两天再吃，也会有利于农药的降解。

如果在去除农药残留过程中使用了洗涤剂等，也要考虑这些物质的残留，可能对农产品造成二次污染，导致安全性问题发生。

误区 14：有机产品不使用农药

【案例背景】

当前，粮食和蔬菜等农作物种植和栽培过程中滥用农药现象屡禁不止，由此造成的食品安全问题让我们“伤不起”！于是，很多人在消费时会更多地停留在有机食品专柜。然而同一品种的蔬菜水果，只要加上有机这两个字，价格往往就会上涨几倍甚至几十倍。有些人认为，昂贵的有机食品比普通食品天然、环保，口味好，更健康，多花的钱可以买到“安全”和“健康”。

【误区】

（1）有机食品不使用农药。

（2）有机食品就是纯天然食品。

（3）有机食品更好吃，更健康。

【专家解析】

有人认为，有机食品不使用农药，不会有农药残留。事实上，有机食品在生产加工中会使用“有机农药”。它们同样具有毒性，也并非完全不残留，如果清洗不净，对身体同样存在安全风险。而且，有机食品也存在污染物残留，因为食品的生产种植都离不开环境，土壤、水源和空气都影响食品的质量，环境中残留的化学物质也会转移到食品上。

有机食品与天然食品不能直接画等号。纯天然是一个非常不明确的概念。目前，国际上很多国家包括我国在内，都没有明确的纯天然食品标准，人们很难界定什么样的食品才是纯天然的。而在实际操作中，只要生产的食品没有添加人工色素、人造香精或者合成物质，食品生产厂家都会使用“纯天然”这个标签。如果用人们所期望的没有农药、化肥等化学物质来作为评价纯天然食品的标准，就很难找到纯天然了。因为，随着农药、化肥等使用越来越广泛，自然环境已经被污染，食物中都难免含有这些物质。

有机食品并没有更好吃。如果觉得有机食物好吃，很大可能是因为心理效应。也就是如果你认为口味好，一般情况下就会确实好，心理效应在口味上的作用非常强大。有机食品中农药和化肥的残留量大大低于普通食品。尽管一些研究人员和消费者认为有机方式生产的食品在口感和营养方面比普通食品要好得多，但目前还没有这样的指标能区分出有机食品和普通食品。至于外观，有机食品和普通食品没有明显区别，有时有机食品卖相甚至要差一些。至于口味，使用有机农药和人工合成农药，不会引起口味上的区别。

尽管有机食品与普通食品在成分含量上略有区别，但并没有找到充分证据说明有机食品有更高的营养价值。换一个角度来说，如果人们已经能够从膳食中摄取丰富的营养素，那么有机食品中细微的高含量成分对营养素的贡献微乎其微。

消费者应关注食品营养，选择安全有保障的普通食品，注意食物多样化，做到均衡膳食即可，不必刻意追求有机食品。如果消费者更关心天然、环保等方面，而且购买食物的花费不会对家庭造成额外负担，那么有机食品不失为一种优质选择。

【延伸阅读】

（1）“原三品”与“新三品”。

“原三品”指无公害农产品、绿色食品、有机食品。“新三品”指品种培优、品质提升、品牌培育。品牌培育是目标，品种培优是基础，品质提升是关键，标准化生产是有效路径。农产品质量安全要“产”“管”齐抓，“产出来”是前提，落到产品上就是要突出抓好绿色、有机优质农产品生产。为了与一般的普通食品相区别，绿色食品实行标志管理。

绿色食品标志

绿色食品需要具备下列条件：

① 产品或产品原料产地环境符合绿色食品产地环境质量标准；

② 农药、肥料、饲料、兽药等投入品使用符合绿色食品投入品使用准则；

③ 产品质量符合绿色食品产品质量标准；

④ 包装储运符合绿色食品包装储运标准。

（2）有机食品。

有机产品是指生产、加工、销售符合中国有机产品国家标准的供人类消费、动物食用的产品。我国有机产品国家标准详细规定了有机产品生产、加工、标识和销售以及管理体系的各种要求，比如物种，包括粮食、蔬菜、水果、牲畜、水产、蜂蜜等应未经基因改造；生产过程不得使用化学合成的农药、化肥、生长调节剂、饲料添加剂等物质；适宜有机产品生产需要的环境条件要求，如生产基地应远离城区、工矿区、交通主干线、工业污染源、生活垃圾场等，并持续改进场地环境。

目前，我国国家标准《有机产品 生产、加工、标识与管理体系要求（GB/T 19630—2019）》对种植、养殖到食品加工过程及其管理体系都作了严格规定。特别是限定了有机植物生产中允许使用的投入品、有机动物养殖中允许使用的物质和有机食品加工中允许使用的食品添加剂、助剂和其他物质。有机植物生产中允许使用的投入品包括植物源、动物源、矿物来源和微生物来源的土壤培肥和改良物质、植物保护产品。如木材、锯屑、刨花等植物来源土壤改良剂必须来自采伐后未经化学处理的木材，只允许地面覆盖或者堆制。杀虫剂必须选择苦参碱及氧化苦参碱（苦参等提取物）类植物或动物来源的。允许使用的清洁剂和消毒剂只能是规定的 16 种物质（表 5）。有机食品加工中允许使用的食品添加剂、助剂和其他物质减少了《食品添加剂使用标准》中允许使用的范围。不管是种植、养殖还是食品加工，凡是有机食品，都不允许使用人工合成的农药、兽药、鱼药。

表5　允许使用的清洁剂和消毒剂

名称	使用条件
醋酸（非合成的）	设备清洁
醋	设备清洁
乙醇	消毒
异丙醇	消毒
过氧化氢	仅限食品级的过氧化氯，设备清洁剂
碳酸钠，碳酸氢钠	设备消毒
碳酸钾，碳酸氢钾	设备消毒
漂白剂	包括次氯酸钙、二氧化氯或次氯酸钠，可用于消毒和清洁食品接触面，直接接触植物产品的冲洗水中余氯含量应符合GB 5749—2022的要求
过氧乙酸	设备消毒
臭氧	设备消毒
氢氧化钾	设备消毒
氢氧化钠	设备消毒
柠檬酸	设备消毒
肥皂	仅限可生物降解的，允许用于设备清洁
肥基杀藻剂/除雾剂	杀藻、消毒剂和杀菌剂，用于清洁灌溉系统，不含禁用物质
高锰酸钾	设备消毒

截至2021年底，按照中国有机产品标准，国内有机作物种植面积为275.6万公顷，有机作物总产量为1.799×10^7 t；野生采集总生产面积为200.4万公顷，野生采集总产量为9.28×10^5 t；有机畜禽及动物产品为2.393×10^6 t，有机水产品为5.56×10^5 t。2022年度《中国有机产品认证与有机产业发展报告》显示，截至2022年1月15日，我国共有1.4万家企业获得有机产品认证，证书有2.27万张。2020年我国获得认证的有机作物种植面积达到243.5万公顷，较2019年增长18.6%，位列全球第四。

总体来讲，有机产品不同的生产方式，会对终产品质量安全产生一定影响，对降低产品农药残留会有比较大的帮助，但在重金属、卫生指标方面的贡献有限。发展有机产业最大的贡献应该是生态环境的改善、促进农业可持续发展和实现农民增收。

（3）如何挑选有机食品。

① 看销售产品包装上是否使用了有机产品认证标志，并同时标注了有机码、认证机构名称或标识等。

有机产品认证标志

② 由于价格较高，并且认证、质量控制程序较复杂，有机产品与普通产品的营销渠道也存在不同。建议广大消费者到有机产品专卖店、大型商场、超市购买有机产品，尽量不要到农贸市场、批发市场或在不可信的网站上购买有机产品。

③ 消费者可以向销售单位索取认证证书、销售证等证明材料，查看购买的有机产品是否在证书列明的认证范围内。

④ 登录国家认证认可监督管理委员会的“中国食品农产品认证信息系统”，核实、查询该有机码对应的产品信息。

误区15：转基因食品不能吃

【案例背景】

转基因技术和转基因食品的安全性一直备受关注。特别是转基因农作物的大面积种植，转基因食品的大量生产及其国际贸易，引起世界各国的高度重视。当人们开始发现转基因食品出现在超市的货架上时，总是会有各种疑问。一些人认为转基因食品都长得很怪、很特别，吃了对身体不好。

【误区】

（1）转基因食品长得很怪、很特别。

（2）人吃了转基因食品，自身基因会改变。

【专家解析】

转基因食品是指利用转基因技术使基因组构成发生改变的生物直接生产的食品或以其为原料加工制成的食品。转基因的本质是改变植物或动物的DNA来实现特定性状，不会改变作物的外表和口感，消费者仅凭肉眼，是不能分辨出哪些是转基因产品的。比如在反季节的大棚草莓中，经常可以看到大个的“异形怪”，有的歪歪扭扭，有的甚至还长着“两个身子”，但这和转基因其实没有关系，造成这种现象的主要原因是“授粉不均”——大棚作物因缺乏自然介质传播授粉，常需要人工干预授粉，出现授粉不均的情况不足为奇。此外，大棚中温度和湿度不良也会造成草莓果实形状怪异。无论是哪种原因，对人体都是无害的。同样，“双身茄”“无光茄”的主要原因是肥料用量过多、喷施植物生长调节剂的浓度过高、持续干旱或开花期遇低温等。另一常见现象“裂茄”，则是由茶黄螨危害引起的。这些“奇形作物”都是在常规条件下产生的，多属正常现象。还有一部分“奇形作物”则是因为生长环境极端，基因出现了突变，如受福岛核泄漏影响的畸形农作物。这些作物与转基因技术无关，在市场上也不可能见到，因此大家不必担心。

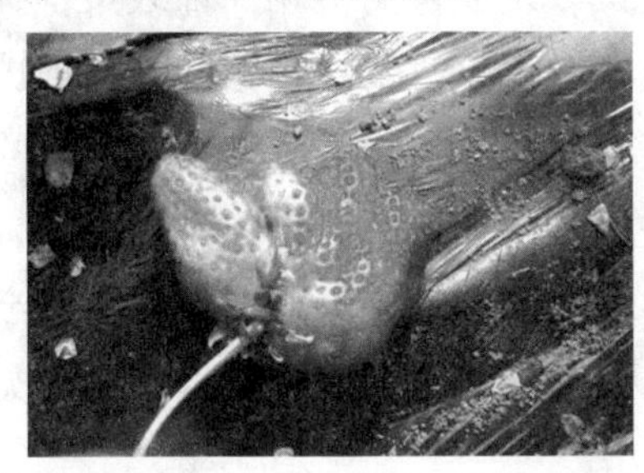

草莓和茄子

自 1996 年转基因作物商业化种植以来，全球 70 多个国家和地区几十亿人口食用转基因农产品，没有发生过一例经过科学证实的安全性问题。这表明，在现有的科学评估体系和监管制度下，转基因食品的安全性是得到保障的。国际权威机构在充分研究后得出结论，目前上市的转基因食品在安全性上是可靠的。

我国已颁布了多项法律法规，包括《中华人民共和国食品安全法》《农产品质量安全法》《农业转基因生物安全管理条例》《农业转基因生物安全评价管理办法》《农业转基因生物标识管理办法》，农业农村部相继出台了《农业转基因生物安全评价管理办法》《农业转基因生物进口安全管理办法》《农业转基因生物标识管理办法》《农业转基因生物加工审批办法》4 个配套规章，使我国农业转基因生物管理更加法制化和规范化。市场上的转基因农产品都通过了安全性评估，以确保转基因作物除了增加人们希望得到的性状（如抗虫、抗旱等）外，不会增加致敏物和毒素等额外风险，不会对人类健康产生危险。同时我国对转基因食品进行“强制标识”，正规的产品外包装上都会带有明确的标识，消费者在购买产品时，可自由选择。例如，我们在购买大豆油时，需要看清大豆油的包装。如果是采用转基因大豆加工的大豆油，包装上会明确标注出“加工原料为转基因大豆”。

从理论上讲，转基因食品和天然食品的消化过程一样，进入人体消化系统以后其在胃肠道都会被消化分解为各种氨基酸、脂肪酸等小分子物质，给人体提供营养。

【延伸阅读】

(1) 我国对转基因食品的管理。

相较于美国对转基因技术的开放政策以及欧盟的极端严谨政策，我国对转基因技术采取了一种“居中”的监管和评价政策。我国坚持在推进转基因技术研究的同时，不断强化生物安全管理。在我国允许生产销售的转基因作物或食品，都经过了科学、严格的安全评价，包括关键成分分析和营养学评价、基因新表达物质的毒理学评价和致敏性评价以及食品安全性评价等。目前，我国现行的转基因安全评价体系基本上可以满足不同类型转基因作物的安全评价。

《农业转基因生物安全评价管理办法》中有明确规定，通过安全性评价依法批准上市的转基因产品是安全的，与传统食品同等安全。《中华人民共和国农产品质量安全法》规定，属于农业转基因生物的农产品，应当按照农业转基因生物安全管理的有关规定进行标识。《中华人民共和国食品安全法》规定，生产经营转基因食品应当按照规定显著标示，这是保护消费者的知情权。《农业转基因生物安全管理条例》对农业转基因生物的研究与试验、生产与加工、经营、进口与出口等做了具体规定。《农业转基因生物标识管理办法》规定，销售列入农业转基因生物标识目录的农业转基因生物应当进行标识，未标识和不按规定标识的，不得进口或销售。其标识的标注方法见表6。

表6　农业转基因生物标注方法

类型	标注方法
转基因动植物（含种子、种畜禽、水产苗种）和微生物	转基因 ××
转基因农产品的直接加工品	转基因 ××加工品（制成品）或者加工原料为转基因 ××
用农业转基因生物或用含有农业转基因生物成分的产品加工制成的产品，但最终销售产品中已不再含有或检测不出转基因成分的产品	不需要强制标识。可以标注为“本产品为转基因 ××加工制成，但本产品中已不再含有转基因成分”或者标注为“本产品加工原料中有转基因 ××，但本产品中已不再含有转基因成分”

续表

类型	标注方法
不在第一批实施标识管理的农业转基因生物目录内，国内未批准进口用作加工原料、未批准在国内进行商业化种植，市场上并不存在该转基因作物及其加工品的	禁止进行“非转基因”标识，禁止使用非转基因广告词
在第一批实施标识管理的农业转基因生物目录内，市场上确实存在该种转基因作物和非转基因作物及其加工品的，且能够证明确实是非转基因生物及其加工品的	可以进行“非转基因”标识，但禁止使用更健康、更安全等误导性广告词

（2）我国现有的转基因产品。

近年来，我国发展的转基因产品主要分为三类：① 非食用的转基因产品，如棉花；② 间接食用的转基因产品，如饲料作物、加工用原料作物；③ 用于食用的转基因产品。截至 2021 年底，我国先后批准发放了 8 种农作物的生产应用安全证书，包括耐储存番茄、抗虫棉、花色改变矮牵牛、抗病甜椒、抗病毒番木瓜、抗虫水稻、抗虫耐除草剂玉米和耐除草剂大豆，但只有转基因抗虫棉和抗病毒番木瓜 2 种作物被批准用于商业化种植。其中，抗虫棉的商业化种植规模较大。另外，批准进口、能用作加工原料的转基因作物有 5 种：大豆、玉米、棉花、油菜、甜菜。也就是说，市场上能够买到的转基因食品只有番木瓜和含有转基因番木瓜、大豆、玉米、油菜、甜菜成分的食品。因此，网上流传的小麦、水稻、樱桃番茄、紫薯、马铃薯、彩椒等食物，都不是转基因食品，大家不要根据食物的外表和口感来判断是不是转基因食品。消费者在最后的食用环节所接触到的食物都是安全的。

（3）转基因食品的发展趋势。

1983 年首例转基因烟草成功培育以来，全球范围内转基因产品不断发展，转基因作物种植面积总体呈逐年上涨趋势。未来，随着生物技术日新月异的发展，新的生物技术必然会应用到转基因产品上。人们可以通过分子生物学技术将某些物种中的优质基因转移到另一种物种体内，来提高农作物产量，改善水果蔬菜口味等。由于生物技术的快速发展，抗虫及耐除草剂等转基因作物越来越多地进入商业化应用阶段，给农药行业和产业带来一场新的变革，一定程度上会改变传统的病虫害防治方法，如转基因抗虫棉花的推广种植使得我国杀虫剂的用量逐年降低，而未来耐除草剂转基因大豆和玉米的逐步推广，草甘膦和草铵膦使用量将快速增长。随着各国转基因食品的商品化，越来越多的转基因食品被人们接受。并且转基因技术也为提升食品的营养价值和开发功能性食品提供了新的途径，如通过转基因技术提高了大米中的铁含量。

虽然40年来转基因食品获得批准的国家中尚未发现转基因食品对人类健康的危害，暂时也没有发现对物种有害的现象，但也要辩证地去看待转基因食品的安全性，不要谈“转基因食品安全性”色变，也不能对它潜在的危害视而不见。现有的研究并未发现转基因饲料会影响家畜的健康情况，也未发现会对家畜肉蛋奶的安全性产生影响。经过对肉蛋奶中转基因蛋白的检测，并未发现肉蛋奶中有转入的DNA，动物产品中也未检出完整的转基因蛋白以及DNA。但对转基因食品安全性问题的焦点就是在几十年或更长时间是否会显现人们担忧的那些潜在危害，包括引起过敏反应、耐药性、环境污染等问题。所以目前转基因食品的安全性无法定论。随着时间的推移和科学技术的进步，转基因食品的安全性一定会有定论。

目前，各国及相关国际组织都建立了各自的转基因安全评价体系，2003年CAC通过了3项有关转基因食品安全问题的标准性文件：《现代生物技术衍生食品风险分析原则》《重组DNA植物衍生食品安全性评估指南》和《重组DNA微生物衍生食品安全性评价指南》。文件中还明确了一条底线——“实质等同性”原则，即转基因生物自身及其衍生产品应该“同其相应的常规产品一样安全”。我国现行的转基因安全评价体系基本上可以满足不同类型转基因作物的安全评价。此外我国建立了国家农业转基因生物安全委员会，由不同部门推荐的70多位专家组成，负责对转基因生物进行科学、系统和全面评估，主管部门对通过评审的单位发放农业转基因生物安全证书。

2023年中央1号文件指出要深入实施种业振兴行动。预示了2023年转基因作物制种面积将进一步扩大。目前，我国正不断扩大转基因大豆和玉米的产业化应用试点。试点转基因品种特性优良，节本增效优势明显，对我国转基因大豆和玉米的产业化发展具有里程碑式的意义。已获得生产应用安全证书的2个转基因水稻品种、11个转基因玉米品种和3个转基因大豆品种均需在取得品种审定和种子经营许可证后，可以进行商业化种植。

误区 16：不合格食品一定会损害健康

【案例背景】

老王在网上看到一则报道：附近某烧饼店抽检的 1 批次香酥烧饼（甜味），所检项目中，标签标示不合格，营养成分表中，钠、蛋白质、脂肪等成分的含量计算有误。老王看后觉得这烧饼不安全，以后不能再去买了。

【误区】

不合格食品不安全，一定会损害健康。

【专家解析】

不合格食品包括产品等级标准不合格、非安全指标不合格（包括标签、标示不合格和含量不合格等）、安全性指标不合格、限量成分超标和含有违禁成分等，其中安全性指标不合格、限量成分超标和含有违禁成分等的食品属于不安全食品。该烧饼的标签、标示不合格和含量不合格等问题，属于非安全指标的不合格，并不会造成健康损害，也不是食品安全问题。

不合格食品和不安全食品可能存在一定的联系，但是二者不能画等号。不合格食品中非安全指标不合格，并不会造成健康损害。比如用食品添加剂柠檬黄添加到馒头中生产出来“玉米面馒头”，淡黄诱人，但《食品安全国家标准 食品添加剂使用标准（GB 2760—2014）》有着严格规定，柠檬黄可以用于雪糕、果冻等食物，但不可以用于馒头之中。所以染色馒头事件违反了国家的相关法律，是违法行为，“玉米面馒头”则属于不合格食品，但此含量不会造成健康的损害。

【延伸阅读】

国家市场监督管理总局2020年修订的《食品召回管理办法》第2条对“不安全食品”的定义为：不安全食品是指食品安全法律法规规定禁止生产经营的食品以及其他有证据证明可能危害人体健康的食品。从这个定义可以看出，不安全食品包括两个方面：一方面是指“食品安全法律法规规定禁止生产经营的食品”，另一方面是指“有证据证明可能危害人体健康的食品”。

GB/T 19000—2016质量管理体系对不合格的定义为“未满足要求”，其中的成品、半成品、原辅材料等对照相关的工艺文件、标准进行检验和试验，被判定为一个或多个质量特性不符合（未满足）规定要求，统称为不合格品。

误区 17：辐照食物不安全，损害健康

【案例背景】

借助核技术进行辐照灭菌，原本只能存放 3 天至 5 天的泡椒凤爪，保质期可延至半年甚至更久。“泡椒凤爪耐储存是因为核技术”，很多网友惊讶于核技术竟然能被用在鸡爪储存上的同时，也在担心经过辐照处理的鸡爪可能会致癌。

【误区】

（1）经过辐照处理的食物存在损害人体的隐患。

（2）辐照食物有放射性，甚至会致癌。

（3）辐照食品与普通食品一样，无法判定其安全性。

【专家解析】

人类一直就在天然辐射的环境中繁衍生息，生活在地球上的每一个人都要受宇宙射线的照射，除此之外，还要受到土壤、岩石等生存环境中含有的天然放射性物质的照射。由此而造成人们吃的食物、喝的水、住的房子、呼吸的空气乃至我们人体都含有微量的放射性物质。因此，不必谈“辐”色变，要客观认识生活中的辐射。

借助辐照技术对食品和农副产品杀菌杀虫、抑芽保鲜，既能够提高食品的卫生质量和延长食品保藏期，也不会产生额外的放射性。因此，辐照食品绝对不等于核辐射食品。辐照食品是安全可靠的，可以放心食用，射线只是起到杀菌、灭虫、抑芽等作用，对人类的生长、发育和遗传没有不良影响。

《食品安全国家标准 预包装食品标签通则（GB 7718—2011）》规定：经电离辐射线或电离能量处理过的食品，应在食品名称附近标示“辐照食品”；经电离辐射线或电离能量处理过的任何配料，应在配料表中标明。《中华人民共和国国家标准 辐照豆类、谷类及其制品卫生标准（GB 14891.8—1997）》中还规定了辐照食品标识，以便消费者辨识，保证了消费者的知情权。

国际辐照食品标志

【延伸阅读】

辐照是一种新的灭菌保鲜技术，用铯-137、钴-60等对粮、蔬、果、肉、调味品、药品等进行灭菌和降低酶的活性。辐照杀菌的最大优点是利用射线穿透力强、可在不打开包装的情况下进行消毒，杀死食品中的细菌、霉菌、酵母菌、昆虫及其卵和幼虫。此外，辐照杀菌还能延长食品和农产品的保存时间，如辐照后的粮食3年内不会生虫、霉变；马铃薯和洋葱经过辐照后能延长保存期6~12个月；肉禽类食品经辐照处理，可全部消灭霉菌、大肠杆菌等病菌。辐照加工是一种“冷处理”，它不会显著地提高被处理食物的温度，可延长食物的货架期，保持其原有口感，还能抑制类似马铃薯、洋葱和大蒜等食物的发芽。国际上关于食品辐照安全性论证和试验早在20世纪60年代就已开始，经过长期的动物试验和人体试验证明，在一定剂量照射下的农副产品及其加工产品不产生放射性和有毒物质。因为用X射线、α射线、β射线对食物进行处理时，剂量是严格控制的，每种食品都有不同的辐照剂量标准，经处理后的食物不带放射性物质。经这种方法处理过的食物也不会增加其他有毒物质。辐射处理不会损伤食品原来的营养成分，如在蒸煮、煎炒等烹调过程中极易破坏失效的生育酚和硒，辐照处理后保留率可高达90%以上。辐照保鲜食品的方法是目前较先进的食品保鲜方法。所以，凡用辐照方法保鲜的食品，我们完全可以放心大胆地吃。

我国《食品安全国家标准 食品辐照加工卫生规范（GB 18524—2016）》中规定了食品辐照的定义：利用电离辐射在食品中产生的辐射化学与辐射生物学效应而达到抑制发芽、延迟或促进成熟、杀虫、杀菌、灭菌和防腐等目的的辐照过程。如用于抑制大蒜和马铃薯的发芽、香辛料的杀菌等。

比较适合应用辐照技术处理的食品种类如下。

特殊食品：患者食用的无菌食品。

脱水食品：洋葱粉、八角粉、虾粉、青葱、辣椒粉、蒜粉、虾仁等脱水产品。

延长货架期的食品：新鲜水果、蔬菜类、月饼、袋装肉制品、果脯等产品。

冻品：冻鱿鱼、冻虾仁、冻蟹肉、冻蛙腿等产品。

保健品：减肥茶、洋参、花粉、灵芝制品、袋泡茶、口服美容保健食品。

我国国家标准 GB 14891. 8—1997 分别对允许辐照的各类食品中使用的最大总体平均吸收剂量进行了限定，相关最大总体平均吸收剂量均低于 10 kGy，该剂量以下不会产生健康危害。因此，只要是严格按照国家辐照相关标准进行辐照的食品，不存在辐照安全问题。

误区 18：不干不净吃了没病

【案例背景】

儿子和儿媳妇工作较忙，王奶奶就过来帮忙照顾 3 岁的小孙子。有一次小孙子将一块饼不小心掉在草地上后马上就想去捡，儿媳妇认为不能捡，但王奶奶捡起饼给孙子，并说："不干不净吃了没病，你爸爸就是这么长大的。"

【误区】

（1）不干不净吃了没病。

（2）凡是食物一定要反复清洗，保证干干净净。

【专家解析】

"不干不净吃了没病"这句俗语流行甚广，并且时间、空间跨度都很大。那么它科学吗？这里所谓"干净"，过去应该指肉眼看上去清洁，现在主要指食品未受微生物的污染或污染很少。"吃了没病"就是不生病。现代科学对微生物有了较深的认知。吃了不干净的食品是否生病与食品受污染的微生物的种类、数量以及人体免疫力有关。食品受到致病微生物如沙门氏菌、诺如病毒的污染，即使肉眼看上去很"干净"，但会引起人体食物中毒。当然这也与每个人的免疫力有关，当微生物进入人体后，一般会被人体的免疫系统消灭。致病微生物的毒力强、数量多就会侵入人体，引起呕吐、腹痛、腹泻、发热等症状。本案例中饼掉在草地上不应再捡起来吃，因为草地上微生物多，不"干净"，其次儿童免疫力不强，所以"不干不净吃了没病"的讲法不科学，更不能成为那些不讲卫生的懒人的一种借口。

生活中身边微生物时时有、处处在，但肉眼看不见。大多数微生物是非致病性的。我们在成长过程中难免接触到各类细菌，细菌数量不多且致病性不强时，会刺激人体免疫系统，使我们的免疫系统识别这种致病物质，以后再碰到这类微生物时，人体就可以有准备地对抗了，从而不会生病。这和打减毒疫苗是一样的原理。因此，日常生活中，我们对清洁卫生要适可而止，凡事把握一个度就行，尤其是洁癖者。某些过敏性和自身免疫性疾病的发生与“过分”干净相关。因此一般的东西稍微冲洗一下，没必要特别仔细反复清洗。清洗既无法做到无菌，还会损失营养素，如曾经发生因食堂从业人员反复淘米导致食用者维生素 B_2 缺乏的事件。

【延伸阅读】

微生物是一切微小生物的统称，主要包括细菌、病毒、真菌、立克次体、支原体、衣原体、螺旋体七类。病毒是一类由核酸和蛋白质等少数几种成分组成的“非细胞生物”，但是它的生存必须依赖于活细胞。按照细胞结构，微生物分为原核微生物和真核微生物。相比于大型动物，微生物具有极高的生长繁殖速度，这一特性使其在工业上有广泛的应用，如发酵、单细胞蛋白等。生物界的微生物达几万种，大多数对人类有益，虽然其能引起食品变质、腐败，但正因为它们可分解自然界的物体，才能完成大自然的物质循环。只有一小部分微生物能致病，如沙门氏菌、副溶血性弧菌、肝炎病毒、引起斑疹伤寒的立克次体、导致沙眼的衣原体、造成肺炎的支原体、致病性钩端螺旋体等。目前已知的食源性致病菌有 200 多种。因此微生物既是人类不可或缺的好朋友，也是造成食品腐败和人畜疾病的原因。

细菌有时可以增强人体防御病菌的能力，现代研究表明，这是由于经常和致病的微生物打交道，机体免疫系统不断地受到刺激，产生相应的抗体，同时免疫活性细胞倍增，吞噬功能异常活跃，从而形成一支强大的防疫武装，杀灭入侵的微生物，人体得以安然无恙。科学家曾做过一项关于婴幼儿与致敏物的实验，当 1 岁以内的婴幼儿生活的环境中，适度卫生，但存在一定的皮屑、螨虫、灰尘等时，婴儿在成长过程中的免疫力明显高于“清洁过度”环境中成长的孩子。婴儿时期在“超净”的环境中成长，会对其免疫系统的发育造成不良的影响。我们在生活中也发现，那些长期生活在肮脏环境中的人，比如环卫工人，其抗病能力反而强于生活在洁净环境中的人。

每个人从生下来开始，免疫系统逐渐发育完善，就是依赖外界病菌的不断刺激促成的。如果刻意追求洁净，过分讲究卫生，使绝大多数病菌在人体外围被消灭，机体免疫系统就得不到刺激，无法产生相应的抗体和免疫活性细胞，当机体突然遭到病菌侵袭时，就容易被感染而得病。

误区 19："食物相克"

【案例背景】

酷爱养生的钱大妈前不久从网上买了一张“食物相克表大全”张贴画和一本《不得不收藏的 198 种食物相克表》“科普”书，很是开心。在钱大妈看来，这里面含着博大精深的吃的“学问”，比如“螃蟹和番茄不能一起吃，会产生砒霜”“虾和维生素 C 一块吃会中毒”“洋葱与蜂蜜同食会失明”“马铃薯与牛肉同食会得胃病”……钱大妈因此每天学习，还把“食物相克表大全”张贴画贴在冰箱上，以方便日常配菜做饭时经常对照，以免因“食物相克”而中毒或得病。

有报道称，一名 8 岁女童吃了混煮的马铃薯和鸡蛋 3 小时后，浑身遍起红斑，昏倒在学校附近，在送医途中死亡。随后，鸡蛋和马铃薯混煮会毒死人的说法也被传得沸沸扬扬。

【误区】

（1）“食物相克”有道理。

（2）“食物相克”会导致死亡。

【专家解析】

“食物相克”只是民间传说，至今为止没有任何机构提供过有说服力的科学理论证据和实验研究证明，也无临床案例报道。所谓的“食物相克”，是由于认知误区，以讹传讹，食用者对食物过敏或者不耐受，食物被污染或者食物本身就有毒等引起。比如，在实验室条件下，维生素 C 可以将五价砷还原成三氧化二砷（俗称砒霜）。事实上，螃蟹和番茄一起食用，即使螃蟹砷超标，所含的五价砷和维生素 C 量极低，胃肠内环境限制，也不会产生中毒剂量的砒霜。某两种食物同食导致死亡的事件，很有可能是偶然事件或是食物中毒引起，也可能是食用者特殊的体质引起。本案例中“马铃薯和鸡蛋混煮会毒死人”实际是发芽马铃薯中含有的毒素引起的。又如“鸡肉与糯米相克，同食引起肚子严重不适”，实际是鸡肉或糯米受到了致病菌的污染引起的。民间没有科学的分析研究，以至于以偏概全，以讹传讹，出现了许多“食物相克”的说法。食物同食导致“相克”的真正的原因有以下三种可能性：

① 同食的这两种（或一种）食物本身具有毒性或被污染了致病菌，引起食物中毒；

② 因为食用者本身是过敏体质，对其中的某种食物过敏；

③ 食用者对某种食物“不耐受”，比如有些人吃完某食物后就会胃肠道不适等。

【延伸阅读】

早在 1935 年，人群中就广为流传“吃香蕉再吃芋头会相克”“香葱和蜜不能共食”等说法（以下简称“蕉芋相克”事件）。“蕉芋相克”事件引起了我国生物化学与营养学开拓者、南京大学郑集教授的注意，并亲自做了实验对“蕉芋相克”进行了否定。郑集教授筛选了日常生活中同食机会较多、民间传说的“相克食物”14 组（包括香蕉与芋头、大葱与蜂蜜、花生与黄瓜、牛肉与板栗、绿豆与狗肉、松花蛋与糖、青豆与饴糖、螃蟹与柿子、螃蟹与石榴、螃蟹与荆芥、螃蟹与五加皮酒、鲫鱼与甘草、鲫鱼与荆芥、鳖与马齿苋等），每组食物按照普通的膳食配比。试验先从动物实验开始，其中 7 对又做了小范围人体试食试验。试验显示：在进食后的 24 小时内，所有被试动物及受试者均无中毒征象。郑集教授当时就得出一个结论：“食物相克”可能是因为食用食物的人是过敏体质。这个试验开创了现代营养学界对“食物相克”研究的先河。

近年来“食物相克”的论调又在全国卷土重来，老百姓一时真假难辨，不少人选择了“宁可信其有”，在中国营养学会倡导与组织下，兰州大学、哈尔滨医科大学分别开展了新一轮的“食物相克”实验观察。中国营养学会与兰州大学开展的为期 7 天的动物实验（分别喂饲猪肉与百合、鸡肉与芝麻、黄瓜与花生、韭菜与蜂蜜）和人群干预研究（分别在晚餐时试食：猪肉与百合、鸡肉与芝麻、牛肉与马铃薯、韭菜与菠菜、马铃薯与番茄）。无论是动物实验还是人群研究，均未见异常。中国营养学会与哈尔滨医科大学进行的人体试食试验，也得出了相同的结论。

2018 年 3 月 15 日，央视"3·15"晚会一号消费预警发布，"食物相克"曾被列入消费预警，晚会上还公布了北京市食品安全监控与风险评估中心光谱室做的实验。该实验参照《中国药典》中的实验技术，模拟了人体的消化过程，来验证螃蟹与番茄同食是否会产生砒霜。实验证明：螃蟹中原含的微量无毒的有机砷，在模拟人体消化环境中，并没有被番茄中的维生素转化为有毒的无机砷，特别是没有产生被称为砒霜的三价砷。

误区 20：标为橄榄原香食用油就是橄榄油

【案例背景】

某公司销售的××牌橄榄原香食用油的正面标签上突出“橄榄”二字，配有橄榄图形，侧面标签标示“配料：菜籽油、大豆油、橄榄油”等内容，吊牌上写明：“××牌橄榄原香食用油，添加了来自意大利的100%特级初榨橄榄油，洋溢着淡淡的橄榄果清香。除富含多种维生素、单不饱和脂肪酸等健康物质外，其橄榄原生精华含有多苯酚等天然抗氧化成分，满足自然健康的高品质生活追求。”但是没有标明橄榄油的含量，受到了监管部门的行政处罚。

【误区】

（1）食品名称不一定要与配料匹配。

（2）特别强调的配料不需要标示含量。

【专家解析】

《食品安全国家标准 预包装食品标签通则（GB 7718—2011）》作为强制性食品安全国家标准规定：“食品名称应在食品标签的醒目位置，清晰地标示反映食品真实属性的专用名称。”“预包装食品标签的所有内容，不得以虚假、使消费者误解或欺骗性的文字、图形等方式介绍食品；也不得利用字号大小或色差误导消费者。如果在食品标签或食品说明书上特别强调添加了或含有一种或多种有价值、有特性的配料或成分，应标示所强调配料或成分的添加量或在成品中的含量。”

这里所指的“真实属性”是指能够反映食品本身固有的性质、特性、特征的名称，使消费者一看便能联想到食品的本质是什么。本案例中的配料中明确是“强调”，是特别着重或着重提出，一般意义上，通过名称、色差、字体、字号、图形、排列顺序、文字说明、同一内容反复出现或多个内容都指向同一事物等形式表现，均可理解为对某事物的强调。“有价值、有特性的配料”，是指对人体有较高的营养作用，配料本身不同于一般配料的特殊配料。通常理解，此种配料的市场价格或营养成分应高于其他配料。

从本案例中 × × 牌橄榄原香食用油外包装来看，产品名称是食用油，实际是用菜籽油、大豆油、橄榄油混合调配，真实属性应该是“食用调和油”。其标签上以图形、字体、文字说明等方式突出了“橄榄”二字，强调了该食用调和油添加了橄榄油这一配料，且在吊牌（食品标签的组成部分）上有“添加了来自意大利的 100% 特级初榨橄榄油”等文字叙述，显而易见地向消费者强调该产品添加了橄榄油这一配料，该做法本身实际上就是强调“橄榄”在该产品中的价值和特性。一般来说，橄榄油的市场价格或营养作用均高于一般的大豆油、菜籽油等，因此，如在食用调和油中添加了橄榄油，可以认定橄榄油是“有价值、有特性的配料”。本案属于在食品标签或食品说明书上特别强调添加了或含有一种或多种有价值、有特性的配料或成分而未标示所强调配料或成分的添加量或在成品中的含量的情形。很明显本案就是商家为牟利而欺骗消费者。

因此本案例中如商家有诚意，应首先改善食品配料，其次食品名称应该是“食用调和橄榄油”，橄榄油含量最多，在配料中橄榄油排在第一位。这样才能让消费者一看便能联想到食品的本质，明明白白消费。

【延伸阅读】

《食品安全国家标准 预包装食品标签通则（GB 7718—2011）》适用于直接提供给消费者的预包装食品标签和非直接提供给消费者的预包装食品标签，不适用于为预包装食品在储藏运输过程中提供保护的食品储运包装标签、散装食品和现制现售食品的标识。所谓预包装食品指预先定量包装或者制作在包装材料和容器中的食品，包括预先定量包装以及预先定量制作在包装材料和容器中并且在一定量限范围内具有统一的质量或体积标识的食品。所谓食品标签指食品包装上的文字、图形、符号及一切说明物。

（1）基本要求。

应符合法律、法规的规定，并符合相应食品安全标准的规定；应清晰、醒目、持久，应使消费者购买时易于辨认和识读；通俗易懂、有科学依据，真实、准确；应使用规范的汉字（商标除外），具有装饰作用的各种艺术字，应书写正确，易于辨认；同时使用拼音或少数民族文字，同时使用外文，但应与中文有对应关系（商标、进口食品的制造者和地址、国外经销者的名称和地址、网址除外）。

不得标示封建迷信、色情、贬低其他食品或违背营养科学常识的内容；不得以虚假、夸大、使消费者误解或欺骗性的文字、图形等方式介绍食品，也不得利用字号大小或色差误导消费者；不应直接或以暗示性的语言、图形、符号，误导消费者将购买的食品或食品的某一性质与另一产品混淆；不应标注或者暗示具有预防、治疗疾病作用的内容，非保健食品不得明示或者暗示具有保健作用；不应与食品或者其包装物（容器）分离；拼音不得大于相应汉字；所有外文不得大于相应的汉字（商标除外）。

预包装食品包装物或包装容器最大表面面积大于35 cm^2 时，强制标示内容的文字、符号、数字的高度不得小于1.8 mm。一个销售单元的包装中含有不同品种、多个独立包装可单独销售的食品时，每件独立包装的食品标识应当分别标注；若外包装易于开启识别或透过外包装物能清晰地识别内包装物（容器）上的所有强制标示内容或部分强制标示内容，可不在外包装物上重复标示相应的内容，否则应在外包装物上按要求标示所有强制标示内容。

（2）标示内容。

① 直接提供给消费者的预包装食品标签标示内容。食品名称、配料表、净含量和规格、生产者和（或）经销者的名称、地址和联系方式、生产日期和保质期、贮存条件、食品生产许可证编号、产品标准代号及其他需要标示的内容。

② 非直接提供给消费者的预包装食品标签标示内容。食品名称、规格、净含量、生产日期、保质期和贮存条件，其他内容如未在标签上标注，则应在说明书或合同中注明。

③ 标示内容可豁免的情形。酒精度大于等于10%的饮料酒、食醋、食用盐、固态食糖类、味精免除标示保质期。

当预包装食品包装物或包装容器的最大表面积小于 10 cm^2 时，可以只标示产品名称、净含量、生产者（或经销商）的名称和地址。

④ 推荐标示内容。批号、食用方法、致敏物质。

（3）食品包装标识存在的问题。

一是漏标，即食品标签上的生产许可证号、生产者信息、生产日期、保质期、储存条件、质量等级、产品类型、适用标准、营养成分及含量、配料成分及含量、添加剂、警示语、证书等没有标注；二是错标，即上述标签事项标注错误；三是无标，如进口食品无中文标签。

误区21：食品标签上的营养成分是厂家随意印的，别当真

【案例背景】

李先生买了一箱夏威夷果，食用时发现口感过于油腻，遂送至检测公司检测。夏威夷果包装上标示的营养成分表中标明，每100 g产品的脂肪含量为24.7 g，蛋白质含量为5.0 g。但检测结果显示其脂肪、蛋白质含量远高于标示值。于是李先生起诉商场和生产厂家欺诈消费者，并要求赔偿。法院审理后认定，夏威夷果包装标签脂肪含量存在瑕疵，导致李先生在消费时受到误导，对食品口感等产生错误预期，生产厂家应承担3倍惩罚性赔偿责任。

【误区】

（1）营养标签是厂家印上去的，不要太当真。

（2）标签上营养成分数字与实际含量的误差大是允许的。

（3）营养成分标签上的NRV（营养素参考值）是食品中营养成分的比例。

【专家解析】

2011年我国颁布了《食品安全国家标准 预包装食品营养标签通则（GB 28050—2011）》，目的是向消费者提供食品营养信息和特性的说明，让消费者直观了解食品营养成分和特征，保护消费者知情权、选择权和监督权，引导消费者合理选择预包装食品，促进公众膳食营养平衡和身体健康。同时指导和规范我国食品营养标签标示行为。

根据国家营养调查结果，我国居民既有营养不足，也有营养过剩的问

题，特别是脂肪和钠（食盐）的摄入较高，是引发慢性病的主要原因。通过实施营养标签标准，要求预包装食品必须标示营养标签内容，有利于宣传普及食品营养知识，指导公众科学选择膳食，促进消费者合理平衡膳食和身体健康，有利于规范企业正确标示营养标签，科学宣传有关营养知识，促进食品产业健康发展。

因此，营养成分表是非常重要的一个信息。生产企业标注营养信息必须严格按照标准进行，不能随意印上。GB 28050—2011 标准中规定了营养成分表的格式、营养成分含量、表达单位、修约间隔、“0”界限值、营养素参考值（NRV）等标示方法。

营养成分表里面往往都有三列数据：第一列数据，说明的是这个食品里面主要含有的营养素的种类，有核心营养素（包括能量、蛋白质、脂肪、碳水化合物和钠 5 项，属于强制标示项）和可选择营养素（反式脂肪酸、钙和维生素 A，属于企业自愿标示项）；第二列数据，反映的是每 100 g（或 100 mL，或每份）食品里各种营养素的含量；第三列数据，是 NRV 的百分数，反映的是每个人一天吃 100 g（100 mL，或每份）这种食品，每种营养素满足人体能量或营养素的需要量的程度。这个 NRV 很重要，可以让我们大致知道吃进去这些食物，满足我们身体能量或营养素的需要量的程度，尤其是多看看能量、脂肪的含量及其 NRV，想想自己一天吃了多少，想减肥的、想长胖的，都可以自己设计自己的膳食。

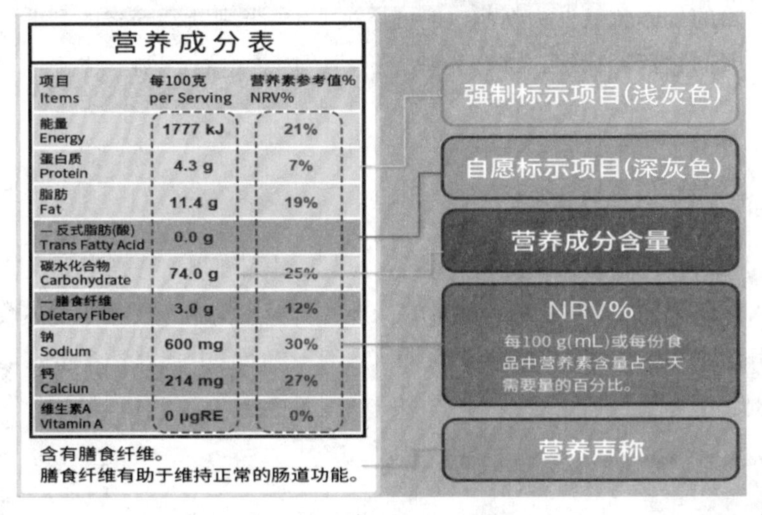

营养成分表

项目 Items	每100克 per Serving	营养素参考值% NRV%
能量 Energy	1777 kJ	21%
蛋白质 Protein	4.3 g	7%
脂肪 Fat	11.4 g	19%
—反式脂肪(酸) Trans Fatty Acid	0.0 g	
碳水化合物 Carbohydrate	74.0 g	25%
—膳食纤维 Dietary Fiber	3.0 g	12%
钠 Sodium	600 mg	30%
钙 Calciun	214 mg	27%
维生素A Vitamin A	0 μgRE	0%

含有膳食纤维。
膳食纤维有助于维持正常的肠道功能。

预包装食品营养成分表格式

由于食品和营养素本身特点、检测方法、计算方法以及与健康的关系等因素的影响，规定的能量和营养成分含量允许误差范围较大（表7），不会像有毒、有害物质那样规定比较精确的限量。

表7 在产品保质期内，能量和营养成分含量的允许误差范围表

能量和营养成分含量	允许误差范围
蛋白质，多不饱和及单不饱和脂肪（酸），碳水化合物、糖（仅限乳糖），总的、可溶性或不溶性膳食纤维及其单体，维生素（不包括维生素D、维生素A），矿物质（不包括钠），强化的其他营养成分	≥80%标示值
能量以及脂肪、饱和脂肪（酸）、反式脂肪（酸），胆固醇，钠，糖（乳糖除外）	≤120%标示值
维生素A和维生素D	80%～180%标示值

本案例中厂方就是没有按标准要求，标示的脂肪含量远低于实际含量的20%以上，而蛋白质标示没有违反规定。

我们读懂了标签、食品的营养特性、营养素含量占参考值的比例，就可以根据健康需求合理地选择食品。比如，高血压患者更关注标签里钠的含量，可以选择低钠和无钠的食品；糖尿病患者会更关注糖的标识；如果想减重，就更关注标签里面能量的标准，可以选择低能量或者无能量的食品，也可以选择富含蛋白质、高钙、高纤维素的食品等。消费者也许对营养素含量的具体数值没法判断，但可通过NRV来判断营养素的高低。也便于消费者通过营养标签，结合品牌、价格等因素进行选购。这就是营养标签的作用。

【延伸阅读】

食品营养标签好比一把“营养参考尺”，其中NRV特别有意义，参考值是人体每天需要2 000 kcal能量的标准的营养素需求，可用于比较食品营养成分含量高低。NRV说明每100 g（mL）该食品中营养素含量占参考值的比例（表8）。

表 8　能量和 32 种营养成分参考数值表

营养成分	NRV	营养成分	NRV
能量	8 400 kJ	叶酸	400 μg DFE
蛋白质	60 g	泛酸	5 mg
脂肪	≤60 g	生物素	30 μg
饱和脂肪酸	≤20 g	胆碱	450 mg
胆固醇	≤300 mg	钙	800 mg
碳水化合物	300 g	磷	700 mg
膳食纤维	25 g	钾	2 000 mg
维生素 A	800 μg RE	钠	2 000 mg
维生素 D	5 μg	镁	300 mg
维生素 E	14 mg α-TE	铁	15 mg
维生素 K	80 μg	锌	15 mg
维生素 B_1	1.4 mg	碘	150 μg
维生素 B_2	1.4 mg	硒	50 μg
维生素 B_6	1.4 mg	铜	1.5 mg
维生素 B_{12}	2.4 μg	氟	1 mg
维生素 C	100 mg	锰	3 mg
烟酸	14 mg		
能量相当于 2 000 kcal；蛋白质、脂肪、碳水化合物供能分别占总能量的 13%、27% 与 60%			

一些允许标示的营养素，如糖、不饱和脂肪酸、反式脂肪酸等营养成分尚无 NRV 值。对于未规定 NRV 的营养成分，其“NRV”可以空白，也可以用斜线、横线等方式表达。当总成分含量用某一单体成分代表时，可使用总成分的 NRV 数值计算。如糖可使用碳水化合物的 NRV 值计算，可溶性膳食纤维和（或）不可溶性膳食纤维可使用膳食纤维的 NRV 值计算。

例如，某产品含有或者添加了膳食纤维，检测数值为可溶性膳食纤维 2.5 g/100 g，总膳食纤维 3.2 g/100 g，则可标示总膳食纤维，也可以单体计，标示为：膳食纤维 3.2 g/100 g，13%（NRV%）；或膳食纤维（以可溶性膳食纤维计）2.5 g/100 g，10%（NRV%）；或膳食纤维（以不可溶性膳食纤维计）0.7 g/100 g，3%（NRV%）。

《食品安全国家标准 预包装食品营养标签通则（GB 28050—2011）》规范营养成分和含量标注形式见表9。

表9 能量和营养成分名称、顺序、表达单位、修约间隔和“0”界限值表

能量和营养成分的名称和顺序	表达单位	修约间隔	“0”界限值（每100 g或100 mL）
能量	千焦（kJ）	1	≤17 kJ
蛋白质	克（g）	0.1	≤ 0.5 g
脂肪	克（g）	0.1	≤ 0.5 g
饱和脂肪（酸）	克（g）	0.1	≤ 0.1 g
反式脂肪（酸）	克（g）	0.1	≤ 0.3 g
胆固醇	毫克（mg）	1	≤ 5 mg
碳水化合物	克（g）	0.1	≤ 0.5 g
糖（乳糖）	克（g）	0.1	≤ 0.5 g
膳食纤维	克（g）	0.1	≤ 0.5 g
钠	毫克（mg）	1	≤ 5 mg
维生素A	微克视黄醇当量（μg RE）	1	≤ 8 μg RE
钙	毫克（mg）	1	≤ 8 mg

标准一般会不定期修订，《食品安全国家标准 预包装食品营养标签通则（GB 28050—2011）》也不例外。营养标签上强制标注的5个核心营养素会变化，如增加糖和饱和脂肪酸的标识要求。为了让消费者更好地读懂标签，还将鼓励和允许企业在食品包装上对营养标签里的信息用图表和文字做补充说明。

误区 22：食品标签完全可以随意标示营养功能

【案例背景】

退休职工老吴自从看过电视上的健康讲座讲述脂肪、反式脂肪酸、糖对人体的影响后，在超市选购食品时就优先选择标注“零反式脂肪酸”“无糖”“低糖”“脱脂”的食品。他看到一种菜籽油标有“零反式脂肪酸”“零胆固醇”“胆固醇有害健康”，就选购了；看到包装的水果、禽蛋、饮用水上没有营养成分表就质问营业员。

【误区】

（1）反式脂肪酸标注为零就一定是零。

（2）营养功能可以随意标示。

（3）所有食品都应有营养成分表。

【专家解析】

营养标签主要包括三部分内容：一是营养成分表；二是营养声称；三是营养成分功能声称。案例中的问题涉及营养声称和营养成分功能声称。营养声称就是对食品营养特性的描述和声明，如能量水平、蛋白质含量水平。营养声称包括含量声称和比较声称。含量声称描述食品中能量或营养成分含量水平，声称用语包括“含有”、“高”、“低”或“无”等。比较声称是指与消费者熟知的同类食品的营养成分含量或能量值进行比较以后的声称，声称用语包括“增加”或“减少”等。营养成分功能声称，例如，某营养成分可以维持人体正常生长、发育和正常生理功能等作用的声称。

“零反式脂肪酸”“无糖”“低糖”“零胆固醇”都是含量声称，“零反式脂肪酸”是指反式脂肪酸≤0.3 g/100 g（固体）或100 mL（液体），“无糖”是指糖≤0.5 g/100 g（固体）或100 mL（液体），“零胆固醇”是指胆固醇≤5 mg/100 g（固体）或100 mL（液体）。因此“0”界限值的概念不是真正的“0”。所有声称“低”“高”“富”的均有含量规定。市面上主打“无糖”“低糖”的食品数量不少，有的是搞文字游戏。例如，市面上部分食品宣称“不含蔗糖”，但究其配料表就能发现，这些产品中有的添加了麦芽糖浆或者麦芽糊精，有的产品主要成分是碳水化合物，这个时候尽管食品中没有蔗糖，实际糖分的含量可能比含蔗糖的食品还要高。

同样，营养成分功能声称也有标准用语，不能随意标示和宣传。像案例中“胆固醇有害健康”的标注显然是不允许的，也是错误的，起到误导消费者的作用。

另外，包装的水果、禽蛋、饮用水属于豁免强制标示营养标签的预包装食品。下列预包装食品豁免强制标示营养标签。

（1）生鲜食品，如包装的生肉、生鱼、生蔬菜和水果、禽蛋等；

（2）乙醇含量≥0.5%的饮料酒类；

（3）包装总表面积≤100 cm^2 或最大表面面积≤20 cm^2 的食品；

（4）现制现售的食品；

（5）包装的饮用水；

（6）每日食用量≤10 g或10 mL的预包装食品；

（7）其他法律法规标准规定可以不标示营养标签的预包装食品。

【延伸阅读】

《食品安全国家标准 预包装食品营养标签通则（GB 28050—2011)》有关内容如下。

① 基本要求：预包装食品营养标签标示的任何营养信息，应真实、客观，不得标示虚假信息，不得夸大产品的营养作用或其他作用。预包装食品营养标签应使用中文。如同时使用外文标示的，其内容应当与中文相对应，外文字号不得大于中文字号。

② 使用了营养强化剂的预包装食品在营养成分表中还应标示强化后食品中该营养成分的含量值及其占营养素参考值（NRV）的百分比。食品配

料含有或生产过程中使用了氢化和（或）部分氢化油脂时，在营养成分表中还应标示出反式脂肪（酸）的含量。

③ 减少或增加能量或营养素与参考食品比较，应减少或增加 25% 以上才能进行比较声称（表 10）。

表 10　部分能量和营养成分含量声称的要求和条件表

项目	含量声称方式	含量要求	限制性条件
能量	低能量	≤170 kJ/100 g 固体 ≤80 kJ/100 mL 液体	其中脂肪提供的能量≤总能量的 50%
蛋白质	低蛋白质	来自蛋白质的能量≤总能量的 5%	总能量指每 100 g（mL）或每份提供的能量
	蛋白质来源，或含有蛋白质	每 100 g 的含量≥10% NRV 每 100 mL 的含量≥5% NRV 或 每 420 kJ 的含量≥5% NRV	—
	高，或富含蛋白质	每 100 g 的含量≥20% NRV 每 100 mL 的含量≥10% NRV 或 每 420 kJ 的含量≥10% NRV	—
脂肪	低脂肪	≤3 g/100 g 固体；≤1.5 g/100 mL 液体	—
	瘦	脂肪含量≤10%	仅指畜肉类和禽肉类
	脱脂	液态奶和酸奶：脂肪含量≤0.5% 乳粉：脂肪含量≤1.5%	仅指乳品类
	低饱和脂肪	≤1.5 g/100 g 固体 ≤0.75 g/100 mL 液体	指饱和脂肪及反式脂肪的总和；其提供的能量占食品总能量的 10% 以下
	低胆固醇	≤20 mg/100 g 固体 ≤10 mg/100 mL 液体	应同时符合低饱和脂肪的声称
碳水化合物	低糖	≤5 g/100 g（固体）或 100 mL（液体）	—
	低乳糖	乳糖含量≤2 g/100 g（mL）	仅指乳品类
膳食纤维	膳食纤维来源或含有膳食纤维	≥3 g/100 g（固体） ≥1.5 g/100 mL（液体）或 ≥1.5 g/420 kJ	膳食纤维总量符合其含量要求；或者可溶性膳食纤维、不溶性膳食纤维或单体成分任一项符合含量要求
	高或富含膳食纤维或良好来源	≥6 g/100 g（固体） ≥3 g/100 mL（液体）或 ≥3 g/420 kJ	

续表

项目	含量声称方式	含量要求	限制性条件
钠	极低钠	≤40 mg/100 g 或 100 mL	符合“钠”声称的声称时，也可用“盐”字代替“钠”字，如“低盐”“减少盐”等
	低钠	≤120 mg/100 g 或 100 mL	
维生素	维生素×来源或含有维生素×	每 100 g 中≥15% NRV 每 100 mL 中≥7.5% NRV 或 每 420 kJ 中≥5% NRV	“多种维生素”指 3 种和（或）3 种以上维生素含量符合“含有”的声称要求
矿物质（不包括钠）	高，或富含×	每 100 g 中≥30% NRV 每 100 mL 中≥15% NRV 或 每 420 kJ 中≥10% NRV	富含“多种矿物质”指 3 种和（或）3 种以上矿物质含量符合“含有”的声称要求

④ 当某营养成分的含量标示值符合含量声称或比较声称的要求和条件时，可使用相应的一条或多条营养成分功能声称标准用语（表 11）。不应对功能声称用语进行任何形式的删改、添加和合并。

表 11　能量和营养成分功能声称标准用语表

营养成分	能量和营养成分功能声称标准用语（部分）
能量	人体需要能量来维持生命活动 机体的生长发育和一切活动都需要能量 适当的能量可以保持良好的健康状况 能量摄入过高、缺少运动与超重和肥胖有关
蛋白质	蛋白质是人体的主要构成物质并提供多种氨基酸 蛋白质是人体生命活动中必需的重要物质，有助于组织的形成和生长 蛋白质有助于构成或修复人体组织 蛋白质有助于组织的形成和生长 蛋白质是组织形成和生长的主要营养素
胆固醇	成人一日膳食中胆固醇摄入总量不宜超过 300 mg
反式脂肪酸	每天摄入反式脂肪酸不应超过 2.2 g，过多摄入有害健康 反式脂肪酸摄入量应少于每日总能量的 1%，过多摄入有害健康 过多摄入反式脂肪酸可使血液胆固醇增高，从而增加心血管疾病发生的风险
膳食纤维	膳食纤维有助于维持正常的肠道功能 膳食纤维是低能量物质

误区 23：发霉食物切掉发霉的、烂的部分或者加热后还可以吃

【案例背景】

70 岁的李伯，一向勤俭节约，发现开封多日的榨菜已长霉，觉得扔掉太浪费，就把发霉部分去掉，将剩余的就着饭菜直接开吃。吃完不久出现腹痛腹胀、恶心、食欲缺乏，一天内水样便十余次等症状，急忙就医。

小宇夫妻俩经营一家水果店，平时店里腐烂的水果无法售卖，他们不舍得丢弃，就剜掉坏的果肉，将剩下的部分吃掉，长此以往便成了一种习惯。最近，小宇觉得身体疲劳，眼睛、皮肤发黄，胃口不佳且迅速消瘦，来到医院检查被诊断为肠癌。

【误区】

（1）食物发霉后只有霉变的部分有毒。

（2）发霉部分去掉，剩下的食物水洗后可以继续吃。

（3）切掉腐烂部分后加热杀菌就万无一失。

【专家解析】

食物霉变后，除了肉眼能看见的霉斑外，在霉斑的附近存在着很多肉眼看不见的霉菌，并且霉菌产生的毒素会在食物中扩散，而扩散的范围以及扩散后的毒性程度，我们用肉眼是无法分辨的。食物发霉后把霉变或烂的部分去掉后，剩下的部分也不能吃。即使经过清洗，被清洗掉的仅仅是食物表面的一些有害物质，而隐藏在食物内部的霉菌及其毒素不能通过水洗掉。高温杀菌也不是绝对可靠的，虽然细菌、真菌在高温条件下一般可

以被杀死，但是有些毒素是无法在高温下去除的，如黄曲霉毒素只有在280℃以上才有可能被分解，普通的锅内加热是没法把它消除的。食物发霉或腐烂了以后，最为稳妥的处理方式就是将其全部丢弃，不能因为节俭而给自己留下健康隐患。

【延伸阅读】

除了被精心研制和烹饪的发酵食品，比如黄豆酱、豆腐乳、面包等经过人类长时间的研究，形成了独特制作工艺的食物外，在自然界不受人类控制的发霉都可能产生对人体有害的物质。不同食物发霉后，由于霉菌种类及毒素不同，对人体产生的危害也有差异。

谷类及油料作物，尤其是花生、玉米等食物一旦发霉，很可能含有黄曲霉毒素，属于IARC公布的1类致癌物质，对人体产生强烈毒性反应，严重的甚至导致死亡。

小麦发霉常含镰刀菌而产生呕吐毒素。

水果发霉后常含有展青霉素，它在霉变的水果及其制成的果汁中都可能存在，具有肾毒性、肠毒性、免疫毒性等多种毒性及致畸性、致突变性等，对人体的消化系统、中枢神经系统等系统都可能造成一定程度的危害。

甘蔗发霉后会含有节菱孢霉及其毒素3-硝基丙酸，导致神经损伤，出现呕吐、恶心，严重的还会发生昏迷，如不及时治疗，可能留下严重的后遗症。

在日常生活中，做好食物的防霉非常重要，保持食品干燥及在低温通风环境下保存。但食物防霉也无标准防治方法，消费者应适量购买食物，避免过量囤积而发生变质。

误区 24：发芽的马铃薯只要把芽抠掉就能正常食用

【案例背景】

吴女士发现家中马铃薯发芽，因为怕浪费，挖去了发芽部位后继续食用，导致母女二人晚饭后同时出现食物中毒，送进医院治疗。她总结的教训就是凡是发芽的食物都不能吃。

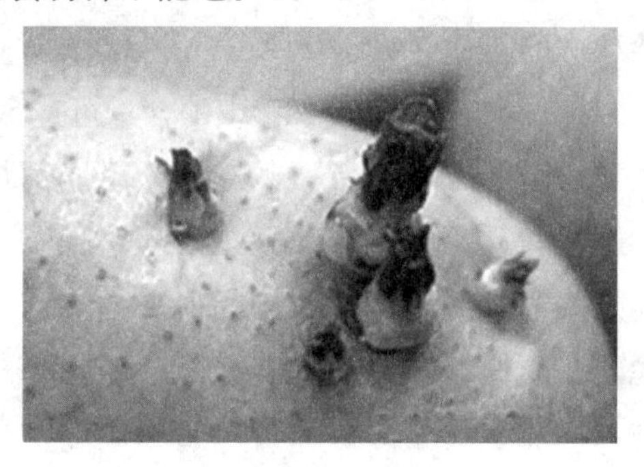

发芽的马铃薯

【误区】

（1）马铃薯发芽的部分有毒，剩余部分仍然可以食用。

（2）发芽的食物都不能吃。

【专家解析】

马铃薯中含有一种名为“龙葵素”的生物碱，在正常情况下含量很低，不会对人体造成危害。发芽后其含量剧增，食用后对人体胃肠黏膜有刺激作用，并有溶血及麻痹呼吸中枢的作用。发芽马铃薯的芽眼、芽根和变绿部位的“龙葵素”含量更高，即使将发芽的部分削去，仍有可能发生中毒。

发芽的食物并不是全都有毒，有的食物正是因为发芽，增加了原本食材的营养价值，使得营养成分吸收利用更好。如绿豆和黄豆发芽以后不仅可以食用，还能提高维生素 C 的含量，降低植酸、单宁含量。红薯也是薯类食物的一种，发芽后并不会像马铃薯一样产生毒素，虽营养价值会降低一些，仍然能食用。但是如果红薯发芽的同时伴有发霉就不要继续食用了，霉菌毒素会危害健康。

【延伸阅读】

龙葵素是一种有毒物质，也叫马铃薯毒素，是一种有毒的糖苷生物碱。龙葵素不是单一成分，主要是以茄啶为糖苷配基构成的茄碱和卡茄碱两大类。总共发现有 100 多种龙葵素类的生物碱，主要存在于马铃薯和未成熟番茄、茄子等茄科类植物中，在百合科、菊科植物中也发现有龙葵素的合成。龙葵素在马铃薯中的正常含量为 2 ~ 13 mg/100 g 鲜重；发绿部分中的含量为 80 ~ 100 mg/100 g 鲜重；马铃薯芽中的含量可达 500 mg/100 g 鲜重。发芽马铃薯中毒主要表现为咽喉刺痒或灼热感，上腹部灼烧感或疼痛，恶心、呕吐、腹痛、腹泻等胃肠道症状，还可出现头晕、头痛、呼吸困难。严重者可出现昏迷及抽搐，最终因呼吸中枢麻痹而导致死亡。龙葵素不易溶于水，性质较稳定，烹饪时不易去除或破坏，但遇醋酸加热后能被分解破坏。削皮、冲洗、加热或加醋等方法可以去除部分发芽马铃薯中的龙葵素。但是在经济条件允许的情况下，强烈建议不要食用发芽的马铃薯。

误区 25：市场上有假鸡蛋和假鸡蛋粉

【案例背景】

有网友曝光，自己买来的鸡蛋好像有问题，他怀疑是买到了“假鸡蛋”，这些鸡蛋打开后，蛋黄粘在蛋壳上，好像果冻一样凝成了一团，用手捏都捏不散，一捏就是一个坑，像面团似的。还有视频声称“人造鸡蛋”的蛋壳由碳酸钙、石蜡及石膏粉加入模具中成型，而蛋清主要由海藻酸钠、明矾、明胶、色素等做成。蛋黄的主要成分同样是海藻酸钠液，再加入如柠檬黄一类的色素后，放进模具中，然后放入氯化钙溶液中凝固而成。另外，买的鸡蛋粉是用植物粉做的。

【误区】

（1）市场上有“假鸡蛋”“人造鸡蛋”。
（2）鸡蛋粉用植物粉制作。

【专家解析】

现在市场上所谓的“假鸡蛋”，经鉴定均为过期变质蛋、孵化蛋等真鸡蛋。如果按网上那样制作，其生产工艺并不简单，制造生产线、开模具、购买化学原料等，做成的假鸡蛋要具有逼真的椭圆薄壳、蛋膜、蛋清、成型蛋黄、气室等复杂结构，成本肯定不低，尤其是可以乱真的蛋壳根本无法人工制成。并且真鸡蛋每个售价在 0.3 ~ 0.5 元，考虑到制假风险与违法所需的高额利润，假鸡蛋成本只能在 0.1 ~ 0.15 元才有可能盈利。显然依据技术条件，以低于真鸡蛋成本的价格用非生物的方法人工造出假鸡蛋根本不可能，实在也没必要，逻辑上解释不通。真鸡蛋如运输储存不当，路途颠簸、温度较高、放置过久等都会导致其内部结构遭到破坏，生理、生化特征发生变化，产生一些“异形蛋”，但这并非假鸡蛋。因此市场上不可能有“假鸡蛋”“人造鸡蛋”。网上视频中展示的假鸡蛋可能是用于宣传教学的鸡蛋食物模型。

鲜鸡蛋经脱水加工可做成全蛋粉、蛋黄粉、蛋白粉，属于蛋制品，便于产品长期贮存不变质、不变臭、不劣化，既保持原有色泽、又保留原有风味，因此蛋白粉是由鲜鸡蛋加工而成。市场上的确有以“植物蛋”或所谓的“人造蛋”开发的产品，它是植物基食品的一种。植物基食品是当下食品领域的热点词，兼顾美味与健康，也符合绿色环保，它是以植物蛋白替代动物蛋白，结合多项食品和生物技术研发而成的产品。植物基食品是许多大型食品企业布局的领域。

【延伸阅读】

鲜蛋是指禽类生产的、未经加工处理的带壳蛋。

蛋制品是指以鲜蛋为原料，经去壳和不同工艺加工处理的液蛋制品、干蛋制品、冰蛋制品和以鲜蛋为原料、不改变基本形态的再制蛋，如皮蛋、咸蛋黄。

禽蛋的安全问题主要是农药、兽药、重金属和微生物的污染问题，特别是沙门氏菌的污染。国家制定了一系列蛋与蛋制品相关的国家标准来保证其安全。如《食品安全国家标准 蛋与蛋制品（GB 2749—2015）》《蛋与蛋制品术语和分类（GB/T 34262—2017）》《食品安全国家标准 蛋与蛋制品生产卫生规范（GB 21710—2016）》《蛋制品生产管理规范（GB/T 25009—2010）》。

“植物蛋”是指用植物蛋白替代蛋，但需要突破食品质构（硬度、黏度、弹性等）和风味上的技术难题，大豆如果处理不当会带有豆腥味，用植物蛋白，如豆粉制作的“植物蛋”，应执行《食品安全国家标准 豆制品（GB 2712—2014）》。

误区 26：吃鸡蛋要吃生的或者溏心的

【案例背景】

朋友请吃日本料理时，指着桌上的生鸡蛋说：这种蛋是经紫外线杀菌的蛋，无菌的。吃生鸡蛋营养好。家里煎鸡蛋不要太老，要吃溏心的。

【误区】

（1）吃生鸡蛋营养好。

（3）经紫外线杀菌后的蛋就是“无菌蛋”。

（3）鸡蛋煎着吃营养好。

（4）溏心蛋营养更好。

【专家解析】

鸡蛋是最有营养价值、性价比最高的食物之一。其蛋白质中含有丰富的人体必需氨基酸，组成比例适合人体需要。鸡蛋也是维生素、无机盐的良好来源。有些人喜欢吃生鸡蛋，觉得鸡蛋煮熟后营养成分就被破坏了，以为生吃比熟吃补身体。其实，这种吃法非但无益反而有害。一是因为鸡蛋由鸡的卵巢和泄殖腔产出，而它的卵巢、泄殖腔带菌率很高，所以蛋壳表面甚至蛋黄可能已被致病菌污染，生吃很容易引起细菌性食物中毒。二是因为生鸡蛋有一股腥味，能抑制中枢神经兴奋，使人食欲减退，有时还能使人呕吐。三是因为生鸡蛋蛋清中含有一种叫抗生物素的物质，这种物质妨碍人体对蛋黄中所含的生物素的吸收。鸡蛋煮熟后既可将鸡蛋内外的细菌杀灭，又能破坏抗生物素。而紫外线缺乏穿透力，只能杀灭蛋壳表面的细菌。所以，鸡蛋不宜生吃。

煎鸡蛋时，鸡蛋中的脂肪、蛋白质以及其他维生素都会被油的高温所破坏。如果鸡蛋煎得过度，蛋白质可能被烤焦，在高温下会形成有毒物质。另外，鸡蛋煎着吃，可能使人摄入脂肪增加。很多人在煮鸡蛋或煎鸡蛋时，会做成溏心蛋或是只单面煎蛋，并认为这种鸡蛋不仅吃起来口感鲜嫩，而且鸡蛋的营养不会被破坏。实际上蛋壳上有许多小孔，各种细菌都能通过这些小孔进入鸡蛋内部。没有熟透的鸡蛋，其中的细菌无法被完全杀死，如果人吃了病原菌未被完全杀死的鸡蛋，就可能导致食物中毒。事实上鸡蛋并不会因为加热而发生太多营养素的改变或流失，相反，煮熟的鸡蛋中的营养素更容易被人体吸收利用。因此，吃鸡蛋时，最好采用蒸（去壳）、煮的做法，在保证鸡蛋完全熟透的同时，又能使鸡蛋的营养不被过多的破坏。

【延伸阅读】

“无菌蛋”是指在鸡养殖过程中，从小鸡孵育，饲料和水喂养，直到产蛋，蛋杀菌、包装、冷链销售，进行全流程食品安全质量控制。规范操作保护鸡的健康，不用抗生素。而一般的养鸡场或农村散养的鸡仅经过蛋壳表面杀菌是不可能成为“无菌蛋”的，因为鸡蛋壳是有孔的结构，细菌可以进入。如果鸡本身就有疾病，感染了细菌，生出来的鸡蛋内就可能有细菌，杀灭蛋壳表面的细菌并不代表蛋就一定安全。

误区 27：“土鸡蛋”蛋黄更黄是因为加了色素

【案例背景】

一位市民购买了打上“健康、养生、纯天然、高品质”标签的价格比普通散装鸡蛋高出一倍的土鸡蛋，发现蛋黄颜色格外深，怀疑是“染色鸡蛋”。

【误区】

（1）“土鸡蛋” 比 “洋鸡蛋” 更有营养。

（2）蛋壳和蛋黄颜色越深越有营养。

（3）土鸡蛋中蛋黄更黄是因为加了色素。

【专家解析】

土鸡蛋没有确切的定义，一般是指在自然环境当中饲养出来的鸡所产的蛋。这种鸡每天在林地里活动觅食，吃虫子、野草等天然食物，因为营养不均衡，产的蛋个头比较小，但因为土鸡吃绿叶菜较多，蛋黄中的类胡萝卜素和维生素 B_2 含量高，蛋黄大，颜色更深一些。这种蛋煮出来口感细腻，味道香醇。目前市场上大部分的土鸡蛋实际是仿土鸡蛋，是圈养与散养相结合，搭配饲料、谷子粗粮喂食后生产的蛋，这种蛋外观类似土鸡蛋。普通鸡蛋就是养鸡场笼养、完全人工饲养的优选鸡种生产的蛋，也是我们所说的“洋鸡蛋”，产量高，大多蛋品干净，卫生，口感粗，蛋黄颜色稍浅。

很多人认为，土鸡蛋的鸡属于散养鸡，而且吃的食物为五谷杂粮，白天四处溜达、自由觅食，不用药物，自然成长。生产出来的土鸡蛋含有的营养成分会比普通鸡蛋要高，对人体的益处也就会更多，更安全健康。其实，经过检测，不管“土鸡蛋”还是“洋鸡蛋”，其所含有的蛋白质、脂肪、胆固醇、碳水化合物、氨基酸、维生素和矿物质等营养物质含量差异不是很显著，各有长短。如果只是想补充营养，食用普通鸡蛋足矣。同时散养过程中如果养鸡场管理不善也会有微生物及其毒素、兽药污染蛋的可能，因此完全散养的土鸡产的蛋并不能保证安全。

鸡蛋壳的颜色实际上是受基因控制的，这是自然界的物种长期进化过程中，个体遗传结构所产生的差异。鸡蛋壳的颜色受到母鸡子宫内腺体分泌的棕色素影响，当色素沉积在蛋壳外面的釉质层，鸡蛋壳颜色会偏深，呈现出红色。蛋黄的颜色取决于鸡所吃的食物。有色素含量高的食物如红辣椒、紫甘蓝等，蛋黄就偏红；如果含有苜蓿粉、松针粉等叶黄素含量高的绿色植物或者黄玉米，蛋黄就偏黄；如果白玉米、小麦或者大米是主要成分，蛋黄就发白。户外散养的鸡，如吃的是草和虫，会积累较多叶黄素等色素，导致蛋黄颜色呈深黄色或颜色偏红。如吃的食物五花八门，再加上气候、水源和土壤的差异，蛋黄的颜色也就有很大区别。反之，通过在饲料中添加天然的胡萝卜素、万寿菊粉、辣椒粉和斑蝥黄等人工合成的物质，甚至在饲料中非法添加苏丹红等化学物质可使饲养鸡的鸡蛋蛋黄中叶黄素增加，加深蛋黄的颜色。因此蛋壳颜色越深、蛋黄颜色越深并不代表鸡蛋营养越高。无论蛋黄颜色如何，鸡蛋都是补充优质蛋白质的最佳方式之一。

市场上有各种名称的鸡蛋，有土鸡蛋、山鸡蛋、草鸡蛋、柴鸡蛋、洋鸡蛋、红心蛋等。山鸡蛋、柴鸡蛋几乎是一个概念，特指产于山区丘陵地带的鸡蛋。当地以高粱、红薯、玉米、马铃薯、山药等粗杂粮喂养土鸡。土鸡蛋、草鸡蛋几乎是同一概念，特指产于平原湖汉地带的鸡蛋，当地以水稻、小麦、花生、黄豆、绿豆、瓜果蔬菜等喂养土鸡。

【延伸阅读】

我国无确定的土鸡蛋标准，只有《食品安全国家标准 蛋与蛋制品(GB 2749—2015)》和绿色鸡蛋、有机鸡蛋生产技术规范。市民应理性购买消费。

（1）如何判断鲜鸡蛋和坏鸡蛋呢?

第一，摇晃鸡蛋。我们在购买鸡蛋时用大拇指、食指按住鸡蛋摇晃，没有声音的是鲜鸡蛋，说明整个鸡蛋气室、蛋黄完整；有声音的就是坏鸡蛋，也可能是“陈蛋”，说明鸡蛋放置时间较长或者内部已经霉变。

第二，看蛋壳的外形。新鲜的鸡蛋蛋壳完整，没有出现任何裂痕，表面有一层白色的粉末，手摸蛋壳有一种粗糙感觉。

第三，强光照射。拿起鸡蛋对着太阳或者手电筒，优质鸡蛋的蛋白、蛋黄清晰，呈半透明状，一头有小气室；如果是不新鲜的鸡蛋，则呈灰暗色，且空室较大；陈放时间过长或变质的鸡蛋会有污斑。

（2）土鸡蛋的特点。

鸡蛋大小、形状和颜色不一。通常个头不大，蛋黄颜色呈菜花黄或浅橘色。蛋壳含钙量大，蛋壳厚且硬度大，吃起来有浓厚的蛋香。

（3）健康成年人鸡蛋推荐食用量。

每天吃几个鸡蛋最健康，要根据个人的实际情况决定。对于身体比较健康的成年人群来说，如果每天处于重劳力状态，或者是要进行大量运动的话，那么每天吃鸡蛋的量可以保持在 2 ~ 3 个，能够为机体补充较多的蛋白质以及其他营养成分。而对于身体健康，但每天活动量非常少的成年人群来讲，每天消耗的能量并不是非常多，所以对于蛋白质等营养元素的需求量也不会非常高。因此每天吃鸡蛋的量保持在 1 ~ 2 个即可。如果食用过多，很容易造成营养过剩。

误区 28：市场上销售的鸡都是用激素速成的

【案例背景】

王阿姨转发了一则关于“速生鸡”的视频到家族群，愤怒地说：“一只长了四只翅膀的变异鸡，40 天就出栏销售，是用激素喂大的，不然不会有这么多的鸡翅”。

雏鸡

【误区】

（1）市场上销售的鸡大多为激素鸡，吃鸡等于吃激素。

（2）市场上销售的鸡翅很多来源于四个翅膀的畸形鸡，吃了影响身体健康。

【专家解析】

俗话说，无鸡不成宴。鸡肉是人类主要的优质蛋白质来源，自然需要长得快的产肉鸡。长得快主要得益于品种、饲料等因素。最短生长周期 40 天的肉鸡，是科研人员不断努力，由传统白洛克白羽肉鸡杂交育种形成的，并非“激素鸡”。这类鸡种的特点是生长周期快，肉质好，是熟食、快餐企业的上佳之选。使用激素喂鸡是一种违法行为，我国禁止在饲料和动物饮用水中添加激素类药品和其他禁用药品，禁止销售含有违禁药物或者兽药残留量超过标准的食用动物产品。四翅怪鸡的图片、视频都是人工合成的，不论是人工饲养还是激素喂养的鸡，都不会导致基因变异，鸡多长出几个翅膀或几条腿，这是违背生物科学常识的谣言。

【延伸阅读】

鸡品种很多，按用途来讲基本可以分为肉鸡、产蛋鸡和观赏鸡。美国白洛克鸡属于肉鸡，原产于意大利的莱杭鸡是世界著名的产蛋鸡高产品种。日本的长尾鸡是著名的观赏鸡，全身羽毛雪白，短小的身体拖着约两米的尾羽。

土鸡是指国内地方鸡种，是相对于养鸡场圈养的“洋鸡”而言的。大多数的土鸡采用散养方式，并且鸡群中的母鸡和公鸡数量按照大约 10∶1的比例配比。散养符合鸡群的自然生活方式，公鸡和母鸡会完成交配，实现物种的延续。三黄鸡、杏花鸡、麻鸡均是较好的品种。我国传统方式饲养的鸡绝大部分都是黄羽鸡，具有肉质鲜美、营养价值高的优点，但是同时存在吃食多、生长缓慢、体型瘦以及饲料回报率低的缺点，推高了本土散养鸡的价格。土鸡的养殖模式大多是传统散养方式，饲料得不到管控，如环境污染问题严重，自由采食不能够保证其安全，而且土鸡在生长过程中容易与野生候鸟接触，极易导致禽流感传播。

白羽肉鸡是现代生物遗传科技的成果，遗传育种专家用了近百年时间，建立了庞大纯种品系基因库，运用数量遗传技术进行产肉性状高强度选择，把鸡生长速度快、饲料转化率高、体型发育好、产肉率高的性状挑选出来进行繁育，从而培育出来了大型白羽肉鸡品种，满足了世界人口增长对动物蛋白的需求，而且其在经济性（饲料回报率高）、环保性（碳排放少）、安全性（安全可追溯）和健康性（高蛋白、低脂肪、低胆固醇、低能量）等方面有独特的优势。

目前白羽肉鸡品种有 AA⁺、科宝、罗斯以及哈巴德四个品种。肉鸡大量集中饲养，长得快，一般标准出栏时间为 42 天，体重达 2. 5 kg 以上。从年龄上讲，它还是没有长成的仔鸡，仔鸡的肉总是比成年鸡的肉更为细嫩，容易消化，其营养价值和土鸡相似，蛋白质成分仍很高，只是由于其含水分比土鸡较多，所以味道不如土鸡鲜美，但只要调味、烹饪得当，鸡肉味道也是很好的，对小朋友也很适合。

去皮鸡肉是典型的高蛋白质、低脂肪食品，每 100 g 鸡肉中含蛋白质达 20 g 左右，脂肪则低至 10 g 以内，且很容易被人体消化吸收利用，有强身健体的作用。鸡肉含有对人体生长发育有重要作用的磷脂类物质，是中国人膳食结构中脂肪和磷脂的重要来源之一。鸡肉对营养不良、畏寒怕冷、乏力疲劳、月经不调、贫血、虚弱等人群有很好的食疗作用。

误区 29：花生油和玉米油含有黄曲霉毒素，是不安全的

【案例背景】

有报道说我国食用油中黄曲霉毒素超标，质疑食用油的安全性。关于食用油中含有黄曲霉毒素、会危害身体健康的说法也层出不穷。

【误区】

花生油、玉米油中均含有黄曲霉毒素，应避免食用。

【专家解析】

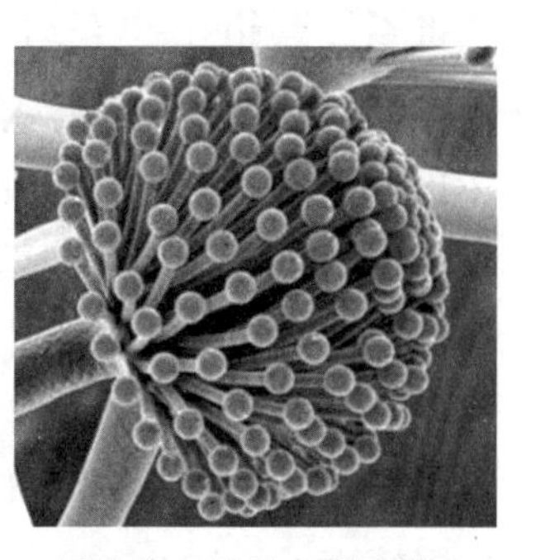

显微镜下的黄曲霉毒素

黄曲霉毒素是迄今发现的证据充分的毒性和致癌性很强的天然污染物。它是影响人和动物健康的主要真菌毒素之一，也是全球食品安全控制中最主要的真菌毒素。黄曲霉毒素主要由黄曲霉、寄生曲霉等真菌产生。花生、玉米等油料种子在贮藏过程中最容易受潮、发生霉变，被黄曲霉等霉菌污染，并在一定条件下产生黄曲霉毒素。用这些原料生产的食用油如不在生产过程中对黄曲霉毒素加以去除，就会危害人体健康。

黄曲霉毒素热稳定性好，常规烹调和加热处理不易分解。目前尚无完全彻底去除农产品和食品中黄曲霉毒素的可靠方法，但有大幅度降低黄曲霉毒素含量的方法。只要将食品中的黄曲霉毒素含量尽量降低到标准限量以下，就不会对消费者构成健康风险。为此，我国颁布了一系列食品安全国家标准，包括《食品安全国家标准 植物油（GB 19641—2015）》《食品安全国家标准 食用植物油（GB 2716—2018）》《食品安全国家标准 食用油脂制品（GB 15196—2015）》《食品安全国家标准 食用植物油及其制品生产卫生规范（GB 8955—2016）》等，对食用植物油的原料、生产加工过程、成品都作了明确规定。

目前，国内食用油生产加工技术可以将食用油中黄曲霉毒素的含量降低到远低于国家标准限值的水平。我国从油脂中去除黄曲霉毒素的方法比较成熟，物理法、化学法和生物降解法等均能很好地去除食用油中的黄曲霉毒素。所以对于食用植物油中黄曲霉毒素问题无须过度担忧。市面上正规渠道流通的食用油（包括花生油）完全可以放心食用。而部分小作坊生产的自榨散装花生油和瓶装花生油加工过于简单，加上花生原料质量差，就有可能导致花生油中的黄曲霉毒素超标。

【延伸阅读】

1960 年英国发生了用榨油后的花生饼饲养火鸡后导致 10 万只火鸡因黄曲霉毒素中毒死亡事件，第一次发现了黄曲霉毒素。黄曲霉毒素（AFT）是黄曲霉和寄生曲霉等某些菌株产生的双呋喃环类毒素。其衍生物有约 20 种，分别命名为 B_1、B_2、G_1、G_2、M_1、M_2、GM、P_1、Q、毒醇等。其中以 B_1 的毒性最大。黄曲霉毒素及其产生菌在自然界中分布广泛，有些菌株产生不止一种类型的黄曲霉毒素，在黄曲霉中也有不产生任何类型黄曲霉毒素的菌株。黄曲霉毒素被 IARC 划定为 1 类致癌物。黄曲霉毒素的毒性是砒霜的 68 倍，是氰化钾的 10 倍，对肝脏组织的破坏性极强。黄曲霉毒素摄入 1 mg 就可能致癌，一次性摄入 20 mg 就能致命。其致癌力是奶油黄的 900 倍，比 N，N-二甲基亚硝胺诱发肝癌的作用高 75 倍，比 3，4-苯并芘高 4 000 倍。它主要诱使动物发生肝癌，也能诱发胃癌、肾癌、直肠癌及乳腺、卵巢、小肠等部位的癌症。动物食用黄曲霉毒素污染的饲料后，在肝、肾、肌肉、血、奶及蛋中可测出极微量的毒素。黄曲霉毒素主要污染粮油及其制品，各种植物性与动物性食品也能被污染。

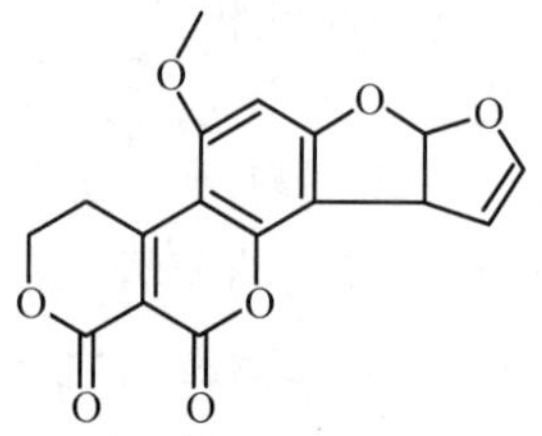

黄曲霉毒素分子结构式

从理论上讲，应尽可能降低食物中的黄曲霉毒素。通过食品安全风险评估，参照国际标准，结合实施的可能性，我国制定并颁布了《食品安全国家标准 食品中真菌毒素限量（GB 2761—2017）》，该标准规定了主要食品中黄曲霉毒素限量。花生油、玉米油中黄曲霉毒素 B_1 含量不得超过 20 μg/kg，其他食用油中黄曲霉毒素 B_1 含量不得超过 10 μg/kg。该标准对玉米、大米、小麦等谷物及其制品、发酵豆制品，花生及其他坚果籽类，植物油，调味品，婴幼儿食品等均规定了黄曲霉毒素 B_1 的限量；对乳及乳制品、婴幼儿配方食品等也规定了黄曲霉毒素 M_1 的限量标准。因此，达到国家卫生标准的食用油脂，可以放心食用。

油脂是平衡膳食中必不可少的一种食物，也是人体合理营养需求中既不可缺少又不可过量的营养素。其安全问题不仅仅是黄曲霉毒素问题，还有油脂的酸败问题。油脂由于其生产加工、组成成分、储存等问题，容易发生酸败，会出现异味，也可以通过检测酸价和过氧化值指标判断。油脂的酸败会不同程度地降低油脂的营养价值、可食用性和安全性，酸败的产物可对身体健康造成危害。防止油脂的酸败，首先要保证油脂的纯度，毛油必须经过精练、除去动植物残渣；其次选择油脂时应购买正规生产厂家生产的食用油脂，不要食用未经精练的粗制油脂；最后应采取一些措施防止油脂的自动氧化，包括密封、断氧和遮光、避免金属离子污染等。遇到油脂发生感官性状变化，如有沉淀物、出现异味时，应停止食用。

误区 30：食用土榨油更健康

【案例背景】

王阿姨是个中年人，向来注重养生，最近，她听闻土榨油更健康，心想土榨油相比市场上的那些油，一定健康许多，没有什么添加剂，是纯天然的、新鲜的。于是，她从街边作坊里购买了土榨油，回到家中炒出来的菜很香，满心欢喜与家人分享土榨油的好处。结果没过多久，土榨油就变质了。

【误区】

（1）土榨油是纯天然的养生产品。

（2）土榨油比食用油更健康。

【专家解析】

市面上的土榨油是用菜籽、花生、大豆等油料作物，采用一些传统的方法压榨得到的油，以“新鲜”为卖点，现榨现卖，价格便宜。由于土榨油作坊投资小，生产工艺简陋，通常不会配套原油精练设备，经“土榨”方法生产出来的食用油只能称为“毛油”或者“粗油”，通常含有水、机械杂质（粉尘）、胶质（磷脂、蛋白质、糖类）、游离脂肪酸、色素、烃类等杂质，同时还可能含有由原料带来的砷、汞、残留农药等。肉眼难以辨别的霉变后的榨油原料就会将黄曲霉毒素带入土榨油中。而且传统的压榨法出油率低，500 g 油需要远多于专业榨油厂所需的榨油原料。“土榨油”作坊主为了提高出油率，通常在压榨前对油料进行高温烘炒，烘炒的温度及时间长短全凭个人经验和感觉，操作不当的话容易产生大量的苯并芘等多环芳烃类物质。苯并芘同样也是 1 类致癌物。此外因土榨油中杂质多，不易保存，消费者使用过程中更易发生油脂氧化、酸败，产生异味。

市场上品牌食用油都是精炼油，按食用植物油及其制品生产卫生规范要求，从原料验收、机械化淘筛开始，到脱水、脱胶、脱色、脱臭等多道精练工序，在温、湿度严格控制下基本清除了毛油中的杂质，降低了黄曲霉毒素含量，成品检验合格后出厂。由于油脂中杂质少，有害物质含量也极低，不易酸败变质，且有利于储藏，烹饪时不产生大量的油烟，保持了油脂风味。

显而易见，土榨油并非无危害。反而因所谓的“天然”，质量难以保证，也不比市场上的食用油更好，更不是纯天然的养生产品。

【延伸阅读】

我国食用植物油加工方法主要是机械压榨法和溶剂浸出法。机械压榨法是借助机械外力将油脂从油料中挤压出来。浸出法是利用溶剂对含油的油料进行浸泡或淋洗，使料坯中的油脂被萃取溶解在溶剂中，再通过蒸发、汽提和脱溶等工艺，将溶剂与油脂分离。压榨法和浸出法初步制得的油称为毛油（或称原油），毛油再经过脱胶、脱酸、脱色、脱臭和脱蜡等不同精练工序处理后，油品中各项指标达到了《食品安全国家标准 植物油（GB 2716—2018)》中的规定（表 12）。消费者可以放心选购。

表 12　植物油的项目、指标与检验方法表

项目	指标			检验方法
	植物原油	食用植物油（包括调和油）	煎炸过程中的食用植物油	
酸价（KOH）/（mg/g）				
米糠油	≤25			
棕榈（仁）油、玉米油、橄榄油、棉籽油、椰子油	≤10	≤3	≤5	GB 5009. 229
其他	≤4			
过氧化值/（g/100 g）	≤0. 25	≤0. 25	—	GB 5009. 227

续表

项目	指标			检验方法
	植物原油	食用植物油（包括调和油）	煎炸过程中的食用植物油	
极性组分/%	—	—	≤27	GB 5009. 202
溶剂残留量/（mg/kg）	—	≤20	—	GB 5009. 262
游离棉酚/（mg/kg） 棉籽油	—	≤200	≤200	GB 5009. 148

该标准中各项指标反映了油脂的常见安全问题就是油脂酸败，采用浸出法工艺的油脂会有溶剂残留问题，标准还规定了加工中使用的抽提溶剂必须符合《食品安全国家标准 食品添加剂 植物油抽提溶剂（又名乙烷共溶剂）（GB 1886. 52—2015）》的标准，规定了成品中溶剂残留量≤20 mg/kg。

根据原料的不同，食用植物油有大豆油、菜籽油、花生油、葵花籽油、稻米油、棕榈油、橄榄油、玉米油、芝麻油、棉籽油、山茶油等。其脂肪酸构成、脂肪的不饱和度各有不同，所以大家最好选购不同的油脂，调换着食用，以保持营养均衡。

误区 31：大米发黄就是发霉了，含黄曲霉毒素

【案例背景】

小伟生活在北方，在蒸饭的时候发现家里的大米出现了发黄的情况，其认为可能是被黄曲霉毒素污染了，这些大米不能吃了。但是朋友告诉他黄曲霉北方没有，只有南方才会有，不信的话可以用验钞灯检查看看，验钞灯可以检测出黄曲霉毒素。

【误区】

（1）大米发黄是长了黄曲霉。
（2）只有南方有黄曲霉。
（3）验钞灯可以检测出黄曲霉毒素。

【专家解析】

大米经过长时间的储藏后，由于温度、水分等因素的影响，大米中的淀粉、脂肪和蛋白质等会发生各种变化，使大米失去原有的色、香、味，营养成分和食品品质下降，也就是放久了，大米陈化发黄。但如果大米水分含量在 14.5% 以下，它的水分活性会低至对某些霉菌孢子起到抑制作用的水平，使得大多数微生物无法繁殖，因此大米发黄，不一定是因为发霉而产生黄曲霉毒素。大米是否发霉与大米水分含量和储藏温度有关。我国南方温暖潮湿，确实容易发霉，产生黄曲霉毒素。但北方并非没有黄曲霉，尤其是华北地区，温度并不低，也是黄曲霉常见的区域。

黄曲霉毒素可以被激发出荧光，很多检测方法的确是基于这一点，但

一般食品中的黄曲霉毒素含量极低，激发出的荧光值几乎不可能被验钞灯“看”出来，因此需要用专业的荧光检测器进行检测。

【延伸阅读】

储存时间、温度、水分和氧气是影响大米陈化的主要因素，另外大米品种、加工精度、糠粉含量以及虫霉危害也与大米陈化有密切关系。大米陈化速度与储存时间呈正相关。储存时间越长，陈化越重。水分大，温度高，加工精度差，糠粉多，大米陈化速度就快，甚至产生霉变。不同类型的大米中糯米陈化最快，粳米次之，籼米较慢。因此，为保持大米的新鲜品质与食用可口性，应该注意减少储存时间，保持阴凉干燥。大米储存，应根据大米的品质与所处季节，灵活运用通风降温、低温密闭、低氧等方法，以防止发热霉变，延缓陈化，保持品质。适时通风、10 ℃以下低温密闭、低氧，可保持大米色泽与香味，对延缓大米陈化、保证水分、防治虫霉有较显著的效果。

误区 32：市场上有塑料做的假大米

【案例背景】

一条“塑料大米的制作过程，我们吃的是假大米”的视频在社交平台上疯传。在视频中，将两碗米饭进行对比，其中一碗米饭捏起来手感更黏，吃完饭后会有米粒粘在碗底；再将这碗大米倒入锅内加热炒至金黄色，并至焦黑，随后点燃这些焦黑色的大米。拍摄者据此声称这种大米是塑料做的。

【误区】

市场上存在塑料大米冒充食用大米。

【专家解析】

制作贩卖“塑料大米”并不现实。首先，塑料颗粒成本均价远高于普通大米，商家没有必要用塑料去替代大米。其次，用塑料颗粒冒充大米，根本过不了淘米这一关。大米在水中会下沉，而塑料颗粒会漂浮在水面上。最后，大米和塑料的口感天差地别，一尝便知。米粒是否粘在碗底，和大米的品种、蒸煮条件有关。支链淀粉含量高的大米较糯、黏性大。大米里有淀粉，炒焦后当然能够被点燃。

【延伸阅读】

“××食品是塑料做的”已成为造谣者的一个套路。在塑料紫菜、塑料粉丝、塑料大米……相关谣言视频中，拍摄者露出一只或两只手，用点燃、手捏等非专业手法对食品进行所谓“检测”，得出结论：该类食品由塑料制成。这类视频是“伪打假真造谣”，利用人们对食品安全的关注心理，往往取得很好的传播效果，颇具迷惑性。用塑料制成食品容易被识破且成本高，商家如此造假必然是得不偿失。

市场上有其他两种米。一种是复水米，用大米加水蒸煮后，将其耙松、干燥即成为干燥米饭粒。另一种是自热米饭中的大米，配料中标的是大米、食用玉米淀粉、单双甘油脂肪酸酯、磷酸二氢钙，实际上是以天然大米为主要原料制作的人造大米。即将大米磨成米粉，加水做成米糊，蒸熟烘干，压制成大米的形状，最后抛光制成。自热米饭里的大米即是此种米，如同方便面，只不过通过热水将其泡发而已。“人造大米”的名称可能会引发误解，称之为“工程米”或“重组米”或“方便米”可能更恰当，与复水米不同，其口感较好。从生产工艺来看，其也不存在危害人体因素的环节，且加入玉米淀粉、马铃薯粉、魔芋精粉、南瓜、红薯以及添加营养强化剂，进一步提高“方便米”的营养价值。

误区 33：吃臭豆腐、内酯豆腐不安全

【案例背景】

媒体一直存在着诸多质疑甚至声讨的声音，认为黑作坊用粪便、泔水、腐肉、青矾（硫酸亚铁）泡制臭豆腐。此外，内酯豆腐因为加了化学物质，没有传统豆腐安全。

臭豆腐

【误区】

（1）浸泡臭豆腐的卤水脏，不安全。

（2）内酯豆腐没有传统豆腐安全。

【专家解析】

臭豆腐是一种传统特色小吃，在全国各地都有，但是不同的地方，其制作方式有比较大的差异。南北方臭豆腐具有的一个共同特点就是闻起来臭，吃起来香。面对一碗油炸臭豆腐，有人欲罢不能，有人却不仅忍受不了它的气味，更担心它的安全。

臭豆腐干属于非发酵豆制品，是将豆腐块加青矾、沸水浸泡后再捞出，

豆腐块冷却后浸泡在卤水中，根据不同季节浸泡 2～10 h，泡好后取出即为成品。浸泡臭豆腐的卤水配制是关键，有的是用新鲜苋菜梗、竹笋根、苜蓿、甘草、生姜、雪菜、花椒、盐发酵腌制后制成的卤汁，有的则是用豆豉、食用碱、香菇、冬笋、盐等煮制发酵而成。臭豆腐之所以有臭味，是因为豆腐在卤水腌制过程中，所含蛋白质中的含硫氨基酸被分解，产生了甲胺、腐胺、色胺等胺类物质以及硫化氢，这些化合物具有刺鼻的臭味。与此同时，豆腐中的蛋白质在蛋白酶作用下也会逐渐分解，产生大量的氨基酸和肽而呈现鲜味。生产过程中的青矾就是硫酸亚铁，是一种絮凝剂，也有染色、消毒的作用，我国食品安全标准明确规定硫酸亚铁可作为臭豆腐的添加剂和铁营养强化剂，医学上硫酸亚铁还用作补铁剂治疗缺铁性贫血。

臭豆腐制作中卤汁的配制发酵是关键环节。有研究检测臭豆腐卤坯中大肠菌群指标达到了 2 700 MPN/100 g。这与豆腐坯、卤汁调制及其温度、湿度、浸泡时间控制以及人为污染有关。一旦控制不好，臭豆腐很容易受到有害细菌的污染，甚至还会导致肉毒杆菌大量繁殖，引发人体胃肠道疾病和肉毒毒素中毒。街边臭豆腐小摊、小作坊对卤水养护不重视，容易使卤水滋生致病菌或使用工业级的硫酸亚铁。全国很多地方出现过用硫酸亚铁和硫化钠等化工产品泡制臭豆腐被记者曝光的事件，因此喜爱吃臭豆腐的消费者应该到正规商场、超市选择有质量保障的产品。

内酯豆腐，也有商家采用日本名，称为“绢豆腐”。内酯豆腐使用一种叫葡萄糖酸-δ-内酯的物质作为稳定凝固剂，这是我国《食品安全国家标准 食品添加剂使用标准（GB 2760—2014）》中允许适量使用于豆腐生产中的食品添加剂，凝固进程较慢，所以可以把豆浆进行超高温灭菌，加入葡萄糖酸-δ-内酯之后，再装盒密封。这样得到的豆腐，保质期长。与传统豆腐比，内酯豆腐水分多，蛋白质含量低，口感细嫩。

内酯豆腐

【延伸阅读】

臭豆腐在中国已有上百年的制作历史，而各式各样的臭豆腐在现今生活中也并不鲜见。臭豆腐含人体所必需的氨基酸，又富含维生素 B_{12}，是一种很好的传统特色小吃。有研究在臭豆腐卤水中鉴定到多种挥发性风味物质，主要包括苯酚、吲哚、醇、酸、醛、酮、酯、醚类等。卤水发酵过程中鉴定出多个优势菌种（株），如梭菌科、芽胞杆菌科、产碱菌科等。

豆腐类制品是以大豆等豆类或豆类饼粕为原料，经选料、浸泡、磨糊、过滤、煮浆、点脑、蹲缸、压榨成型等工序制成的具有较高含水量的制品，包括北豆腐（老豆腐）、南豆腐（嫩豆腐）、内酯豆腐、冻豆腐、豆腐花、调味豆腐、脱水豆腐等。老豆腐是以盐卤（主要成分氯化镁等）为主要凝固剂制成的豆腐。嫩豆腐是以石膏（主要成分是硫酸钙）为主要凝固剂制成的豆腐。内酯豆腐是以葡萄糖酸-δ-内酯为凝固剂制成的豆腐。调味豆腐是以豆腐为原料，经炸、卤、炒、烤、熏等工艺中的一种或多种和（或）添加调味料加工而成的产品。冻豆腐是以豆腐或调味豆腐为原料，经冷冻而成的产品。脱水豆腐是以豆腐或调味豆腐为原料，经脱水、干燥而成的干质产品。豆腐花是熟豆浆经添加凝固剂使蛋白质凝固，制成的没有固定形状的产品。老豆腐含水少，吃起来比较硬，适合煎、炒、炸，而嫩豆腐和内酯豆腐含水量高，口感更细腻，适合做凉菜或煲汤。老豆腐的蛋白质和脂肪含量最高，约是嫩豆腐、内酯豆腐的 2 倍。老豆腐的钙含量要高于其他豆腐。100 g 老豆腐的钙含量和 100 mL 牛奶差不多。传统的豆腐制作工艺复杂、产量低、储存期短、易吸收，而以葡萄糖酸-δ-内酯为凝固剂生产豆腐，可减少蛋白质流失，提高保水率，大大地增加了产量，且豆腐洁白细腻、有光泽、入口即化、保存时间长（表 13）。

表 13　老豆腐与嫩豆腐、内酯豆腐的感官和营养比较表

豆腐类型	制作方法	感官	营养	烹饪方法
老豆腐	卤水凝固压榨排水	硬，质地粗糙有弹性，颜色发黄，口感扎实	水分低，营养成分高	适合煎、炸、焖、炖，吸收汤汁的鲜味，形态稳、不易碎
嫩豆腐、内酯豆腐	石膏或葡萄糖酸-δ-内酯凝固	细腻滑嫩，颜色洁白，口感细嫩	水分高，营养成分低	适合凉拌，做豆腐羹、蟹粉豆腐

无论是哪种豆腐，都是优质植物蛋白的来源。《中国居民膳食指南(2022)》推荐每天摄入25～35 g大豆（生豆）。20 g大豆以等量蛋白质换算，也就是差不多60 g老豆腐、110 g嫩豆腐或140 g内酯豆腐。有肾功能障碍者适度减少豆腐摄入，以免加重肾脏的负担。

误区 34：大个樱桃、畸形草莓、顶花黄瓜都是用了激素

【案例背景】

网络传言市面上的大樱桃 99% 都使用了膨大剂，98% 的黄瓜都是用了药。樱桃使用膨大剂后个头增大、无核、早熟，能提前约半个月上市。市场上销售的个头偏大或者外表畸形、不规则及果面凹凸不平的草莓可能过量注射了膨大剂之类的激素。黄瓜顶花，刺儿多且密集，长得弯曲就是喷洒了雌激素或者避孕药。

【误区】

（1）个头大的樱桃、草莓都使用了膨大剂。
（2）不规则、果面凹凸不平的草莓，顶花、弯曲的黄瓜都使用了激素。
（3）用了激素的作物早熟，可提前约半个月上市。
（4）用了膨大剂、激素的水果影响人的生育能力，不能吃。

【专家解析】

樱桃的果实大小与品种、种植技术都有关。中国本土樱桃原是“小巧玲珑型”，个头较小，多呈浅红色；欧洲樱桃属于“肥胖型”，个头普遍偏大，颜色暗红。20 世纪 80 年代起，山东一带就开始种植欧洲甜樱桃，后来逐渐发展开来。目前生产上主栽的大樱桃品种，平均单果重大多在 6 g 至 12 g，一些品种的最大果重均在 13 g 以上。谣言视频所说的“个头大的樱桃都使用了膨大剂”并不成立。

大樱桃

草莓

草莓之所以会奇形怪状多半是因为授粉不均，大棚里的温度和湿度不稳定也会影响草莓的品相，这是正常的自然生长现象。通过杂交选育、疏花疏果、提高昼夜温差等都能得到果实更大的草莓。同一品种的草莓，因种植环境温度、湿度的不同，也会出现草莓空心的现象。因此，个头大、畸形的草莓并不是因为使用了膨大剂和激素。

黄瓜幼果

黄瓜的形状取决于黄瓜的品种、产地等因素。如果温、光、水、肥等条件比较好，黄瓜植株生长健壮，直黄瓜出现的比例就多。如果环境条件不好，出现低温弱光、高温强光、缺水、养分不足等情况，就可能导致黄瓜早衰或者生长不良，直黄瓜出现的比例会减少。黄瓜是雌雄同株异花授粉植物，偶尔也会出现两性花。黄瓜果实为假果，可以不经过授粉、受精而结果，即结出顶花带刺的黄瓜。因此黄瓜顶花带刺是由于黄瓜自然单性结实产生的，是自然现象，并非如传闻中所说的涂抹了雌激素或避孕药。此外，黄瓜果实带刺的现象，长期以来一直被认为是黄瓜新鲜程度的一个外观表征。但黄瓜果实是否带刺、带刺多少，主要取决于黄瓜的品种特性，与植物生长调节剂并没有必然的关系。

膨大剂本质上是一种植物生长调节剂，属于农药，具有促进植物细胞分裂的作用，可以增大果重 15% ~30%，但不是促进果实成熟的催熟剂。

少量使用膨大剂能促进水果生长，但是用多了反而会降低果实品质，所以一般也不会用太多。在光条件不良，黄瓜植株生长不健壮，或者后期植株早衰时，在黄瓜花上涂上浓度适宜的氯吡脲，可以改善果实的生长状况，同时也可以减少弯黄瓜的比例，提高黄瓜的产量和商品价值。

植物生长调节剂作为高产、优质、高效农业的一项技术措施，已在全世界得到广泛应用，包括美国、欧盟、日本等发达国家和地区。目前全球正在使用的植物生长调节剂有 40 多种，如乙烯利、赤霉酸、萘乙酸、吲哚丁酸、多效唑、矮壮素等，主要应用在水果、蔬菜等作物上。如欧盟已登记了 26 个有效成分和 197 个制剂产品，允许这些植物生长调节剂在登记范围内的农作物上使用。目前，我国已登记允许使用的植物生长调节剂共 38 种，常用的有乙烯利、赤霉酸等近 10 种，主要用于部分瓜果、蔬菜等作物。我国允许在黄瓜上使用的植物生长调节剂有赤霉素、芸苔素内酯、氯吡脲等多种。

植物生长调节剂由于使用量非常少，降解又快，均在花期和坐果初期使用，离采收的间隔时间较长，一般在成熟、收获的农产品中残留量很低或基本没有残留。即使个别产品有残留，也是微乎其微，上市蔬菜、水果中基本不会有植物生长调节剂残留。农业农村部农产品质量安全风险评估实验室对黄瓜中的 2,4-D 和氯吡脲残留进行了风险评估，结果表明：其慢性膳食暴露量分别在安全参考剂量的 0.146% 和 0.005% 以下。因此，食用施用过氯吡脲的黄瓜是安全的。

植物生长调节剂由人工合成或通过微生物发酵产生，也可从植物体中直接提取，俗称植物激素。激素是所有生物体在正常生长发育过程中必不可少的物质，缺乏激素或激素不够会直接影响生物体的正常生长发育。植物激素和动物激素两者的作用靶标和机制完全不同，植物激素只对植物起作用，动物激素只对动物起作用，对植物不起作用。在农作物上使用的是植物生长调节剂，不是动物激素，也不是雌激素或避孕药。因此，即使食用了含植物生长调节剂的农产品也不会影响健康，更不会影响生育能力。

【延伸阅读】

植物生长调节剂主要是使用外源性的物质来调节植物的发育、代谢等过程。应用在农业、林业等行业具有明显的优势，如抗倒伏（直立生长的农作物成片发生歪斜，甚至全株歪倒在地的现象）、定量和定性地增加产量、改善形态结构、促进收获、降低对生物和非生物胁迫的敏感性以及对植物成分的修饰等。使用植物生长调节剂、改进农业耕作方法、种植转基因作物都是作物抗倒伏及提高产量的手段，与改进农业耕作方法、种植转基因作物存在的较大缺陷相比，科学合理使用植物生长调节剂，可成为一个有效、省时省力、节约成本的手段。

植物生长调节剂在植物体内发挥着不同的作用，根据其不同的功能作用可分为七大类：生长素类、赤霉素类、细胞分裂素类、乙烯类、脱落酸类、甾醇类、生长抑制物质；根据其不同的作用方式可分为：促进剂、抑制剂、延缓剂。还有一些新型的植物生长调节剂，如 5-氨基乙酰丙酸（5-ALA）、水杨酸、壳寡糖、茉莉酸等都已应用推广。

自 2015 年起，农业农村部对农产品中植物生长调节剂残留进行风险评估，结果显示植物生长调节剂的平均残留值仅为 0.001 ~0.034 mg/kg，膳食暴露风险很低，产品质量安全有保障。在正常使用的前提下，还没发现膨大剂对人体造成危害的案例。并且，植物生长调节剂都有很强的自限性，少量使用膨大剂能促进生长，用多了反而不利于生长，生产者通常也不会多用。在安全性方面，国际上至今为止未发生因植物生长调节剂残留而引起的食品安全事件。在我国，使用过植物生长调节剂的农产品对消费者来说也是非常安全的。

与其他农药相比，植物生长调节剂虽然纳入农药范畴管理，但不是传统意义上的治病防虫除草的农药，其产品属于低或微毒性，有些甚至因为几乎无毒而被列为不需要制定残留限量的豁免物质。如膨大果实常用的氯吡脲毒性（半数致死量大于 4 918 mg/kg）低于食盐（半数致死量为 3 200 mg/kg）。我国选育的甜樱桃品种“红灯”，正常情况下单果重可达 11 ~15 g。从用药调控角度看，使用植物生长调节剂赤霉酸处理樱桃，能提高单果重 15% ~30%。在实际应用中，生产者应按照标签规定的用药剂量、用药时期和施用方法施药，如果使用时期不当，或者擅自提高剂量或处理不均匀，会导致局部浓度过高，出现畸形果、裂果等药害症状。

误区 35：瓜蒂突起的西瓜是催熟的

【案例背景】

炎炎夏日，最舒服的事儿莫过于吹着空调吃西瓜。可是网上频传“西瓜是催熟的，瓜蒂突起就是用药了，正常的西瓜瓜蒂是平的或是凹下去的”。

【误区】

瓜蒂突起的西瓜是用药催熟的。

【专家解析】

西瓜的外形、瓜蒂是否突起属于西瓜品种特征形态，除少量受发育中各种条件影响的畸形外，正常的西瓜都有其品种特征形态。设施、地域等栽培调控可实现西瓜周年自然成熟上市。用 100 ~ 300 mg/kg 乙烯利溶液喷洒已经长足的西瓜，可以抑制内源生长素的合成，提早 5 ~ 7 天成熟，增加可溶性固形物 1% ~3%，促进种子成熟，减少白籽瓜，但相对于自然成熟的西瓜，催熟西瓜甜度及风味较差。有试验表明，乙烯利催熟常见的黑籽西瓜，如催熟前果肉尚为白色，则催熟后瓤是红色的，籽仍为白色；如催熟前果肉中心已为红色，则催熟后西瓜瓤果肉全红，中心籽黑色，周边籽白色。市售西瓜绝大多数是自然成熟。自然成熟的西瓜甜，催熟西瓜酸，无催熟的必要性。可能少量西瓜受发育中各种条件影响造成外形异常，但不影响西瓜品质。即使使用乙烯利催熟，也不会改变西瓜的形态。

【延伸阅读】

要挑出甘甜好西瓜有三招。一看西瓜藤，挑选西瓜藤头粗壮青绿的为佳，因为瓜蒂越绿，瓜就越新鲜。另外，瓜藤是弯曲的西瓜也比瓜藤是直的西瓜更甜。瓜蒂枯萎的西瓜很有可能是“早采瓜”。二看西瓜瓜脐和瓜蒂，西瓜瓜脐和瓜蒂部位凹陷较深，并且四周饱满的通常都是熟瓜。“瓜脐圈越小，西瓜越好”的说法是不正确的。三看西瓜纹路，好的西瓜表皮纹路粗大清晰，深浅分明，光泽鲜亮。花纹杂乱的西瓜通常不够成熟，瓜内的“筋”也会比较多。

西瓜含水量大，不光可以解暑，还能为人体补充水分。西瓜中的糖主要是葡萄糖、果糖、蔗糖，其中果糖的含量最高。果糖的甜度受温度影响较大，40℃以下时，温度越低，果糖甜度会越高，所以冰镇后的西瓜会变甜。“冰西瓜”虽然更甜，但不宜多吃，食用过多可能会刺激胃肠道，引起胃肠痉挛，引发胃痛，肠胃不好的人更应该注意。西瓜还是要现切现吃，如果放冰箱最好不要超过 24 小时。

误区 36：瓜瓤里有黄白色的筋，说明西瓜注水了

【案例背景】

大热天里啃个冰镇西瓜，相信会让很多人兴奋。可每年这个时候，“打针西瓜”“无籽避孕西瓜”的说法就会不断被提起。“打针西瓜”就是指给西瓜注入色素或甜味剂的水，如果切开的瓜瓤里有黄白色的筋，有人就认为西瓜注水了。

【误区】

（1）瓜瓤里有黄白色的筋，说明西瓜注水了。

（2）西瓜的颜色和甜味是注入了色素和糖水形成的。

【专家解析】

瓜瓤里有黄白色的筋可能是因为西瓜没有成熟，也可能与瓜的品种以及栽培环境有关。至于西瓜打针，不管是注水还是注入色素或甜味剂都是不可行的，特别是在高温天气，打针后会留下针孔，容易导致细菌污染，加速瓜的腐烂。从西瓜销售实际和盈利需求来看，瓜农或者西瓜销售者冒着被执法部门重罚的风险，给西瓜“打针”的违法行为基本不会出现。

【延伸阅读】

四五世纪时，西瓜由西域传入，所以称之为“西瓜”。西瓜里白色的痕迹是西瓜的维管束［维管束多存在于茎、叶（叶中的维管束又称为叶脉）等器官中，维管束相互连接构成维管系统］，是西瓜生长过程中输送水分与

营养的结构。只不过大部分西瓜成熟过程中，这些维管束就降解了。但是如果在种植过程中遇到了恶劣的天气，比如低温、高温、干旱等，或者受肥料、品种等因素的影响，有些西瓜的维管束纤维没有降解，甚至发生木质化，就会形成黄白色的条带。有的品种会出现黄白筋甚至空心，这些筋会影响口感，会使西瓜肉质变粗，但对人体健康没有任何影响。

西瓜在生长过程中以及采收后，对果实采用打针方式注射液体物质是不可能被吸收的。因为西瓜瓤只有通过维管束组织才能吸收水分与营养，强行注入只会在微小组织内积累，不仅不会均匀进入西瓜瓤中，还会破坏西瓜瓤组织特性。

误区 37：无籽水果使用了避孕药，吃了有害健康

【案例背景】

炎炎夏日，小明想吃水果，奶奶带着小明去了水果店买西瓜、葡萄。营业员问，要买无籽还是有籽的。奶奶连忙说，买有籽的，无籽的西瓜都是用了避孕药，小孩不能吃。

【误区】

无籽西瓜、无籽葡萄、无籽柑橘等都使用了避孕药，不能吃。

【专家解析】

无籽西瓜是通过人工杂交的方式培育出来的新品种，与避孕药没有任何关系。

无籽柑橘则是将自然形成的无核柑橘所在的枝条进行嫁接后繁育产出。

我们常见的巨峰葡萄，它本身是有种子的。但如果在葡萄盛花期及幼嫩果穗形成期，用一定浓度的赤霉素进行处理，便可以抑制种子发育，但不影响果实长大，人们就能获得无籽的巨峰葡萄。

无籽水果中大部分是天然无籽品种，另一部分是通过人工杂交培育、使用合法植物生长调节剂（也可称植物激素）等进行无核化处理获得的。人工杂交是使种子无法正常受精发育，最终形成无籽果实，故不可能使用避孕药。

【延伸阅读】

无籽西瓜是采用人工杂交的方式由普通西瓜培育而成的。普通西瓜体内有22条染色体，为二倍体西瓜。人们用秋水仙素处理二倍体西瓜的幼苗，得到四倍体西瓜，再用四倍体西瓜和二倍体西瓜杂交，得到三倍体西瓜，即无籽西瓜。三倍体西瓜没有繁殖能力，不能产生种子，也就没有常见的西瓜籽。

避孕药是动物激素，对植物根本不能起作用。植物生长需要靠植物激素调节，植物自身就会产生植物激素，也可以通过人工合成类似物质调节生长。有人一看到“激素”二字就担心。植物激素和动物激素的化学结构不同，在化学性质上差异很大，作用机制也完全不一样，动物激素只对动物起作用，给植物使用避孕药是无效的。植物激素对人也发挥不了作用，更不会使人不孕不育。

误区 38：皮红肉青的番茄是打药所致

【案例背景】

网络传言：番茄囊肉分离和颜色泛红但较硬就是打药所致的。圣女果是转基因食品，吃多了会致癌。这给很多爱吃圣女果的人平添了不少担心和疑问。

【误区】

（1）“囊肉分离”“皮红肉青”及硬硬的番茄不能吃。

（2）圣女果是转基因食品，吃多了会致癌。

【专家解析】

“囊肉分离”“皮红肉青”是未完全成熟番茄的外观特征，反映的是番茄的成熟度，不是食品安全问题。番茄呈现红色是番茄红素积累的结果，伴随着番茄的逐渐成熟，番茄红素由外向内逐渐累积。未完全成熟的番茄才会表现出“囊肉分离”“皮红肉青”的现象，并非打药所致。

番茄按果实硬度可分为硬果、软果两种，番茄的软硬是品种问题，与打药没关系。番茄果实有果皮薄、含汁液多、怕挤压的特点，如果采摘完全成熟的番茄，在运输过程中内部组织变软、容易破裂。为了保证一定的货架期，长途运输的番茄一般在未成熟时采摘，成熟度低，青的部分较多。使用植物生长调节剂乙烯利促进未熟的青番茄成熟，青番茄会不断着色，

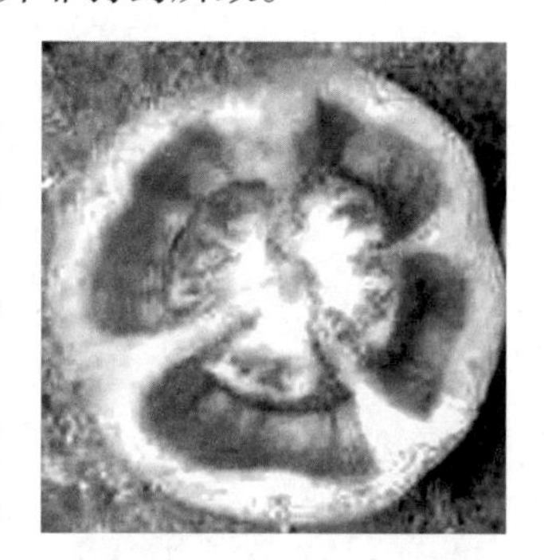

未成熟的番茄“囊肉分离”

但口感比天然成熟的差一点。

番茄起源于南美洲，由野生樱桃番茄进化而来。我们现在食用的大番茄是根据人们的喜好经过几百年的人工驯化和选育获得的产量高、外形大的品种。圣女果又称小番茄、小番茄果、樱桃番茄等，不仅不是转基因食品，反而它才是最原始的番茄品种，更接近人工驯化前的野生状态。将口感和风味俱佳的小个头樱桃番茄的优良性状通过常规杂交重新组合在一起，就得到了口感极佳的圣女果。

【延伸阅读】

番茄最早生长在南美洲，西方人叫作番茄，传入中国之后，因为和我国的柿子外形相似，所以我们称之为西红柿。番茄的成熟和其他植物一样，都受一种名为乙烯的气体调控。自然成熟的番茄，是番茄自己产生乙烯；催熟的番茄，是喷洒一种叫乙烯利的液体，释放出乙烯。番茄果实的典型颜色是由色素组合的变化引起的。乙烯首先导致叶绿色素的降解，其他色素增加。在此情况下，番茄内类胡萝卜素增加。番茄成熟过程酶活性增强，淀粉物质转化为糖，使果实变甜。乙烯可溶解于水中，即便是有残留，也很容易洗去。并且《食品安全国家标准 食品中农药最大残留限量（GB 2763—2021)》中规定了水果和蔬菜中乙烯利残留限量，正规企业生产的达到上市条件的番茄是符合国家标准要求的，可以放心食用。

虽然催熟的蔬果和大棚种植的蔬果可能在某些物质的含量上与自然成熟的有所不同，但这些“不同”的物质对于蔬果的整体营养影响不大。

误区 39：吃了人工染色的草莓会导致中毒

【案例背景】

2 月份的某一天，5 岁小女孩突然呕吐、腹泻，送医院挂水，家长想起发病前一天小孩吃过一盒没洗的奶油草莓，当时手指上红红的，认为可能是食用人工染色的草莓导致发病的。

【误区】

（1）手上的红色物质来自被人工染色后的草莓。

（2）食用人工染色剂导致发病。

【专家解析】

在清洗草莓的时候会发现手指被染上颜色，浸泡草莓时也会发现水变成了红色，据此，有人就说“那是草莓在种植生产过程中用了染色剂”。其实，草莓含有很多水溶性花青素，果实皮薄肉嫩，储存、运输乃至清洗过程中容易出现破损，从而使果实中的花青素溶到水里，就像掉色了一样，属于正常现象。但正是因为草莓易破损，在种植、采摘、装运、储存过程中有可能污染到病菌，如诺如病毒可在破损的草莓细胞中繁殖。草莓被诺如病毒污染，又不清洗或没洗干净直接吃的话就可能感染上诺如病毒，从而导致呕吐、腹泻等。

【延伸阅读】

（1）诺如病毒。

1968 年，在美国诺瓦克市暴发的一次急性腹泻的患者粪便中首次分离出诺如病毒。诺如病毒属于肠道病毒，是人类杯状病毒的一种，具有发病急、传播速度快、涉及范围广等特点，是引起非细菌性腹泻暴发的主要病因，潜伏期多在24～48小时。感染者发病突然，主要症状为恶心、呕吐、发热、腹痛和腹泻。儿童患者呕吐为主，成人患者腹泻为多，粪便为稀水便或水样便，无黏液脓血。目前尚无特效药物，须对症治疗。若无细菌联合感染，不需要用抗生素。诺如病毒感染病程短，几天后可自愈。诺如病毒可通过污染的水源、食物、物品、空气等传播。其实，不只是草莓，其他生长在地上的蔬菜水果，都比较容易附着带病毒的污染物，并且常在社区、学校、餐馆、医院、托儿所、孤老院及军队等处引起集体暴发。每年的12月到次年2月，是诺如病毒的高发期。

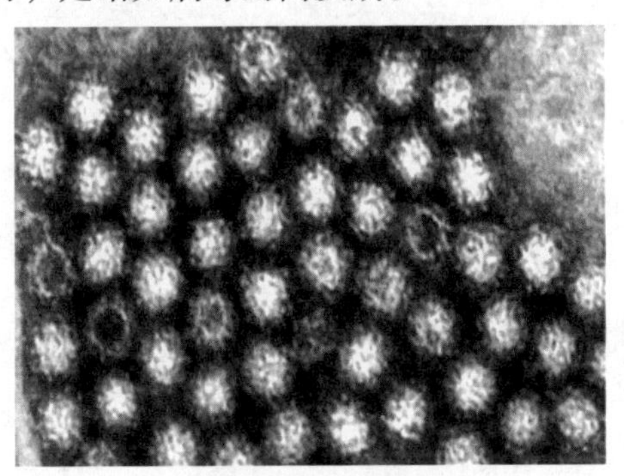

诺如病毒电镜照片

（2）如何清洗草莓。

可将草莓放置在盐水或淘米水中浸泡3～5分钟。盐水可以杀灭残留在草莓表面的有害微生物，让附着在草莓表面的昆虫及虫卵脱落，便于被水冲掉，且有一定的消毒作用。而淘米水属碱性，能中和蔬菜水果表面残留的一些酸性的农药，起到分解农药的作用。

误区 40：水果越来越甜是打了甜蜜素

【案例背景】

网络上流传一个视频，一名自称果农的女子曝光了所谓的行业内幕：为了让水果吃起来更甜，很多水果都打了甜蜜素。这则爆料视频引起了不小的恐慌，很多网友称不敢吃水果了。

【误区】

（1）果农喷洒甜蜜素。
（2）商贩注射甜蜜素。
（3）水果越来越甜是因为打了甜蜜素。

【专家解析】

甜蜜素是水溶性的，不溶于油脂，在水果表面喷洒甜蜜素很难穿透水果表皮的蜡质层进入水果内部；如果给水果注射甜蜜素，将造成植物细胞壁的破坏，水果会在短时间内腐烂变质，对商家而言有害无利。所以用甜蜜素给水果增甜不可能。现在一些水果吃起来比过去甜，这是通过不断改良品种和科学的种植管理方式提高了水果的品质和口感。

【延伸阅读】

甜味剂按其来源可分为天然甜味剂和人工合成甜味剂；按其营养价值分为营养性甜味剂和非营养性甜味剂；按其化学结构和性质分为糖类和非糖类甜味剂。葡萄糖、果糖、蔗糖、麦芽糖、乳糖等糖类物质，虽然也是天然甜味剂，但因长期被人食用，且是重要的营养素，通常视为食品原料，不作为食品添加剂。非糖类的甜味剂有天然甜味剂和人工合成甜味剂。天然甜味剂有甜菊糖、甘草、甘草酸二钠、甘草酸三钾等。人工合成甜味剂有糖精、糖精钠、甜蜜素（环己烷氨基磺酸钠）、天门冬酰苯丙氨酸甲酯等。

甜味是甜味剂分子刺激味蕾产生的一种复杂的物理、化学和生理过程。甜味的高低称为甜度，是甜味剂的重要指标。甜度不能用物理、化学的方法定量测定，只能凭借人们的味觉进行感官判断。为比较甜味剂的甜度，一般选择蔗糖作为标准，其他甜味剂的甜度与它比较而得出相对甜度。甜味剂的甜度受浓度、温度和介质影响。浓度越高，甜度越大。温度升高，甜度下降。在 40 ℃以下水溶液中，果糖的甜度高于蔗糖；在柠檬汁中两者的甜度大致相同。

甜蜜素是一种无营养甜味剂，化学名称为环己烷氨基磺酸钠，化学式为 $C_6H_{12}NNaO_3S$，甜度为蔗糖的 30 ~ 40 倍。进入体内的环己烷氨基磺酸钠，40% 由尿排出，60% 由粪便排出，无蓄积现象。甜蜜素作为国际通用的食品添加剂被广泛用于饮料、罐头、糕点等食品中。《食品安全国家标准 食品添加剂使用标准（GB 2760—2014）》中规定了甜蜜素使用范围和最大使用量。但对于初级农产品水果来讲，使用甜蜜素属于滥用添加剂的行为，使用的目的是掩盖食品本身的质量缺陷，这是不允许的。

误区 41：墨绿色的菠菜全因施肥过量

【案例背景】

有网民发帖称，“近期买到的菠菜绿得发黑，不敢吃，是不是化肥施多了？”

菠菜

【误区】

菠菜绿得发黑是因为施肥过多，不正常。

【专家解析】

对绿叶菜来说，叶子绿得发黑才是营养价值高的状态。绿叶颜色越深说明叶绿素越多，合成的养分越多，营养价值越高。菠菜是一年四季都可以种的蔬菜，耐寒性很强，有春菠菜、夏菠菜、秋菠菜和冬菠菜。冬菠菜是在入冬之前播种，冬天休眠，春天收获。为了提高它的抗冻性，菠菜休眠之前的确要施肥补营养，但这是帮助菠菜越冬所必需的措施，其效果就是让叶绿素含量增加，叶片充分肥大，加强光合作用，以使菠菜积累营养。

植物和人一样，“身体强壮”才能抵抗严寒。

【延伸阅读】

《中国居民膳食指南（2022年）》准则三指出，每人要餐餐有蔬菜，保证每天摄入不少于300 g的新鲜蔬菜，深色蔬菜应占1/2。研究表明，蔬菜和水果可以提供丰富的微量营养素、膳食纤维和植物化学物。增加蔬菜摄入总量及十字花科蔬菜和绿色叶菜摄入量，可降低肺癌的发病风险。增加绿色、黄色蔬菜的摄入量可降低2型糖尿病的发病风险。

深色蔬菜指深绿色、红色、橘红色、紫红色蔬菜。它们的叶片或果实的颜色往往比较深，富含钙、铁、维生素及纤维素，特别是含有许多植物化学物，包括多酚类化合物、类胡萝卜素、萜类化合物、含硫化合物等，具有抗氧化、免疫调节等保健的功能。多酚类化合物（包括类黄酮）在深色蔬菜中含量较多，例如，胡萝卜、芹菜、番茄、菠菜、洋葱、西蓝花、莴苣、黄瓜等。类胡萝卜素主要包括胡萝卜素、番茄红素和玉米黄素，较多来源于玉米、绿叶菜、黄色蔬菜。萜类化合物主要存在于柑橘类水果中。含硫化合物多存在于西蓝花、卷心菜、甘蓝等十字花科蔬菜和葱、蒜中。

深色蔬菜

误区 42：杨梅水洗掉色或者常有虫，不能吃

【案例背景】

每到吃杨梅的季节，网络上就会出现杨梅中爬出小虫的短视频，且水洗掉色，因此有人发出不能吃的言论。

【误区】

（1）杨梅里常有虫，不能吃。
（2）杨梅经水洗掉色，是染色的。

【专家解析】

杨梅里的小白虫是果蝇的幼虫，果蝇幼虫与家蝇幼虫虽然同属双翅目害虫，但家蝇成虫和幼虫多取食人畜粪便、食物残渣及腐烂的有机物。成虫边吃边吐边排泄，携带大量病原菌，人吃了被家蝇成虫叮过或家蝇幼虫爬过的食品，容易被病原菌感染而生病。水果上的果蝇是植食性植物害虫，以有生命或新鲜的水果为食，一般不会带病原菌，果蝇在杨梅中产卵后 22 小时，卵孵化为幼虫，5 天后破蛹而出，成为成虫。所以水果上即使有幼虫，去虫后还是可以吃的。如果从杨梅摘下开始就用严格的冷链运送，受精卵就无法发育成幼虫。

去除虫子最简单有效的办法是用盐水浸泡。先把杨梅冲洗一下，再在盐水中浸泡 20 分钟左右，虫子就会从杨梅果肉中挣扎出来并漂浮在水中，清理掉漂浮的虫子，再冲洗后即可食用。

杨梅的红色、深红色和紫红色主要是因为富含花青素。花青素在水中溶解性极强。冲洗杨梅的水压和搅动时的触碰，多少会造成杨梅果肉细胞

壁的损伤，引起花青素流出，使水染色，这并非染色剂染色。用染色剂会加速杨梅的腐烂变质，反而增加了成本，在新鲜杨梅中使用染色剂得不偿失。很多人担心的染色剂问题是不存在的。

【延伸阅读】

杨梅是我国南部地区特产的水果，和苹果、梨、桃子一样属于核果，但与其他核果不同的是，杨梅的可食部除了部分肉质化的中果皮，更多的是由外果皮衍生出的柱状突起的细胞组织。杨梅的这种特殊构造，一方面造就了柔软多汁、酸甜宜人的舌尖享受；另一方面在没有果皮保护的果肉中存在很多孔隙，增加了虫子侵入果实中产卵的机会。

杨梅的成熟期在高温高湿的夏至时节，在仅为十几天左右的短促采收期又常常会遇到梅雨期，如此气象条件会导致树上和掉落在地上的散发着香甜气味的杨梅招致果蝇的聚集、繁殖和生长。因不能喷洒农药，只能用物理方法诱杀果蝇，所以不能彻底防止成熟杨梅果实中藏有果蝇幼虫。

杨梅保质期短，成熟的杨梅不能长时间存放，摘下后就得赶紧吃，放久了不新鲜。

通过一看、二嗅、三触的方法可以成功地选购到好吃又新鲜的杨梅。

① 看：先看放置杨梅的容器是否干燥、洁净，有没有被挤压的杨梅。杨梅存放时间过长，表面会有明显被压的痕迹，会出水，像泡过水一样，拿起来会觉得湿湿的。其次看杨梅的颜色，颜色太鲜红是没熟透，而颜色太深、黑紫色杨梅很可能是过熟。应选颜色呈深红色，拿起来手感干爽，带有圆刺的杨梅。

② 嗅：杨梅嗅起来如果没有气味，说明没有成熟；如果有淡淡酒味，说明储存或运输时间过长。要选闻起来有淡淡清香的杨梅。

③ 触：可以用手指轻轻触碰一下杨梅的外表，手感比较硬，说明还没有完全成熟；如果触碰后感觉软且有轻微回弹，就可以判断为成熟。但是如果感觉特别软的话，说明快要变质的可能性比较大。

误区 43：发酵米面类食品好吃又安全

【案例背景】

酸汤子是一种流行于辽宁东部、吉林东南部以及黑龙江东部一带的满族特色小吃。2020 年 10 月 5 日黑龙江鸡东县发生了一起因家庭聚餐食用酸汤子引发的食物中毒事件，9 人食用酸汤子后死亡。

酸汤子

【误区】

（1）酸汤子好吃又安全。

（2）任何自制发酵米面食物都不安全。

【专家解析】

发酵米面类食物的种类繁多，主要取决于它的制作材料。

在夏秋季节潮湿环境下，米面容易受潮、发霉。发酵米面类食物在制作的过程中，容易被来源于土壤的椰毒假单胞菌属亚种污染，越是湿热的环境，就越有利于该细菌繁殖并产生米酵菌酸，而且，高温煮沸、日常烹饪方法（如蒸、煮、炸、炒等）都不能破坏其毒性。

米酵菌酸的产生与发酵、泡发方法和时间有关。发酵温度越高，时间越长，产生的米酵菌酸的量越多。因此，在制作发酵面的过程中，保证发酵容器干净、卫生，发酵过程中勤换水，磨浆后及时晾晒或烘干成粉，发酵的米面等食材储藏时注意通风防潮，一般可以防止米酵菌酸的产生。所以，酸汤子虽然好吃，但是在制作过程中保证食品安全是关键。在制作发酵类食品的过程中，保证环境卫生，控制发酵的时间和温度，自制发酵食品也是安全的。一旦食用了自制发酵米面类食物，出现消化道不舒服症状应及时就医治疗。

【延伸阅读】

酸汤子制作过程极为复杂。先是把玉米加工成玉米碎颗粒，放到缸里用清水浸泡，每隔四五天换一次水，浸泡一个月左右。泡好后的玉米碎颗粒用水磨加工，用细布过滤出粗粒，然后将米浆再放入缸中发酵至微有酸味，就成了酸汤子面。

通常人们会在食用被米酵菌酸污染的食物后 2 ~ 24 小时内发病，主要表现为上腹部不适及其他消化道症状，体温一般不高，随后会发生肝、肾、脑、心脏等实质脏器受损害症状，中毒严重的患者会出现意识不清、烦躁不安、惊厥等症状，中毒后没有特效救治药物，病死率达 50% 以上。病死率和预后情况均与摄入毒素的量密切相关。

如何预防米酵菌酸中毒？

① 避免使用霉变的米面等材料制作食物，家庭制备发酵米面类食品时尽量做到吃多少做多少。玉米等浸泡发酵时须勤换水，磨浆后及时晾晒或烘干成粉，发酵的米面等食材储藏时注意通风防潮。

② 如果食用发酵米面类食品后出现中毒症状，要立即停止食用可疑中毒食品，马上用手指等刺激咽喉部催吐，并及时就医治疗。

误区 44：甘蔗芯发红吃了没关系

【案例背景】

张阿姨与家人去野外游玩时，食用了前一天准备的甘蔗。当时发现甘蔗芯已经变红，但因口渴仍继续食用。约 2 小时后，张阿姨出现恶心、呕吐、胸痛的症状。紧急送医后，张阿姨出现肺水肿、血氧饱和度骤降、呼吸衰竭、生命体征不稳的情况，被诊断为霉变甘蔗中毒。

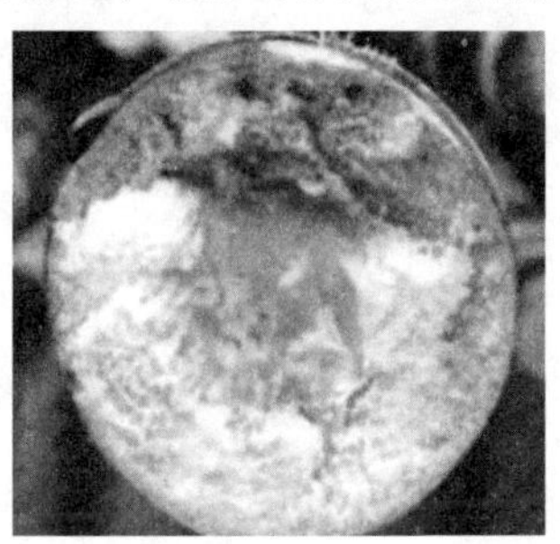

霉变的甘蔗

【误区】

（1）甘蔗芯发红可以吃。

（2）甘蔗芯发红时，只要吃的时候去除发红的部分就可以了。

【专家解析】

甘蔗芯发红是甘蔗发生霉变的表现，霉变甘蔗质软，瓤部比正常甘蔗色深，呈浅棕色或红色，即案例中的“红芯甘蔗”，闻之可能会有轻度霉味。这种现象的发生主要是由于甘蔗在不良的条件下长期储存，导致甘蔗中滋生有毒真菌——甘蔗节菱孢霉菌，其产生名为 3-硝基丙酸的毒素，即使去除发红部分，剩余部分仍然存在3-硝基丙酸。3-硝基丙酸是一种强烈的神经毒素，主要损害中枢神经系统，中毒后发病急，预后差，病死率高，而且没有救治的药物，只能对症治疗。因此，红芯甘蔗不能吃，应采购和食用新鲜的甘蔗。

【延伸阅读】

3-硝基丙酸中毒潜伏期短，最短仅十几分钟，短时间内引起广泛性中枢神经系统损害，中毒患者可死于呼吸衰竭，幸存者则留下严重的神经系统后遗症，导致终身残疾。误食霉变甘蔗后，应尽早到医院就诊，采用催吐、洗胃、灌肠、导泻等手段快速排出毒物并对症治疗。

甘蔗在储存过程中应防止霉变，存放时间不应过长，同时注意防捂、防冻，食用前要观察甘蔗的感官性状，已霉变的甘蔗不要食用。家庭保存甘蔗时可以将甘蔗切成段，用食品袋或塑料薄膜包好，放入冰箱冷藏，这样既可延长保存时间又可保持甘蔗中的水分，甘蔗就不容易发红霉变。

误区 45：形状普通的野蘑菇就是安全的

【案例背景】

小张是一位爬山爱好者。某日，小张在野外爬山时发现树丛中有一些灰白色野生蘑菇，看起来外观普通，和市场售卖的蘑菇外观没什么区别，便采集了一些。回家洗净后用高压锅炖鸡汤后食用。食用后约 10 分钟，小张出现恶心、呕吐等中毒症状。就诊治疗后消化道症状缓解。但次日中午，小张症状加重，出现神经精神症状，伴有进行性肝细胞坏死，经全力抢救治疗后，脱离危险。

【误区】

（1）颜色鲜艳的蘑菇才有毒。

（2）外观普通的野生蘑菇味道鲜美、没有毒，可以食用。

（3）野生蘑菇只要用高压锅加热煮透，就能破坏毒素。

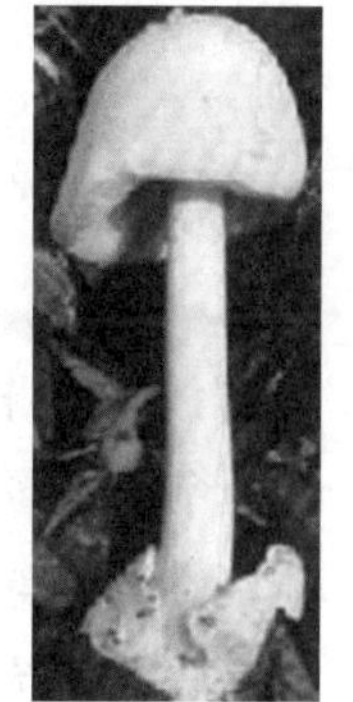

毒蘑菇

【专家解析】

毒蘑菇，又称毒蕈、毒菌，毒蘑菇中毒多发生于春季和夏季，雨后气温开始上升，包括毒蘑菇在内的菌类迅速生长。毒蘑菇与食用蘑菇不易区别，常因误食而中毒。蘑菇毒性与颜色、外观、形状无直接关系，仅从外观来判断野蘑菇是否有毒非常不可靠。而且，毒蘑菇种类繁多，毒素成分复杂，只有部分毒蘑菇毒素经高温烹调方法能够去除，大多数毒素很难用常用烹调方法去除或分解。

由于毒蘑菇所含毒素种类的不同，误食毒蘑菇后的中毒症状较为复杂，可分为胃肠炎型、神经精神型、溶血型、急性肝脏损害型、急性肾损害型、日光皮炎型、横纹肌溶解型、混合型八种类型。其中脏器损害型是毒蘑菇中毒死亡的主要类型，白毒鹅膏菌中毒就属于这一类型，其毒素主要为鹅膏毒肽。鹅膏毒肽直接作用于肝脏细胞核，使细胞迅速坏死，这是导致中毒者死亡的重要原因之一。约 50 g 的白毒鹅膏菌体足以毒死一个成年人。其中毒发病过程可分为潜伏期、胃肠炎期、假愈期、内脏损害期、精神症状期和恢复期等六个时期。特别是假愈期，胃肠炎症状消失后，患者精神状态较好，无明显症状，给人以病愈的感觉，其实此时毒素正在通过血液进入肝脏等内脏器官并造成损害，经过 1 天左右，病情突然恶化，进入内脏损害期。案例中出现的患者就属于此型。

因此，大家不要采摘、更不要食用野生的蘑菇。如果食用蘑菇后出现恶心、呕吐等症状，应及时就医，千万不可大意。同时尽量保留剩余野蘑菇供专业人员作为诊断救治参考。

【延伸阅读】

我国已报道的有毒蘑菇约 400 种，可致人死亡的至少 10 种。一种毒蘑菇可能含有多种毒素，一种毒素可存在于多种毒蘑菇中。目前确定毒性较强的蘑菇毒素主要有鹅膏肽类毒素（毒肽、毒伞肽）、鹅膏毒蝇碱、光盖伞素、鹿花毒素、奥来毒素。全国年均发生蘑菇中毒事件 1 500 余起，每年死亡 70 人以上。毒蘑菇中毒目前是国内食物中毒致死的主要原因。毒蘑菇中毒事故多为野外采集误食所致，但也有食用了购买的干野生菌或到野生菌经营餐馆就餐后引起不适的例子。引起后一种情况的原因可能有：食用菌中混杂了有毒的种类；轻信不科学的毒蘑菇识别方法。

根据传统的简单方法和特定经验来识别不同地方复杂多样的毒蘑菇和食用蘑菇是很不可靠的，也正是造成蘑菇误食中毒的原因之一，以下就是几种错误说法。

①“颜色鲜艳的或外观好看的蘑菇有毒”。事实上，色彩不鲜艳、长相并不好的肉褐鳞环柄菇、秋盔孢伞、白色的白毒鹅膏菌等却极毒。很漂亮的橙盖鹅膏菌却是有名的食用蘑菇。

②“不生蛆、虫子不吃、味苦、腥臭的有毒”。实际上，豹斑鹅膏常常被蛞蝓摄食，不少有毒种类可以生蛆。

③“与银器、大蒜、米饭一起炒或煮后银器、大蒜、米变黑色的有

毒”。这种错误说法流传甚广，实际上蘑菇毒素不会与银器、大蒜、米发生反应，这实为谬传。

④“受伤处变色并流汁液者有毒”。其实这并不绝对，像松乳菇、红汁乳菇受伤处及流出乳汁可变蓝绿色，却是味道鲜美的食用蘑菇。

⑤“菌盖上有疣、柄上有环和有菌托的有毒”。然而许多毒蘑菇并无独有的特征，外观很平常的毒粉褶蘑菇就有毒。

至今还没有找到快速可靠的毒蘑菇鉴别方法。毒蘑菇中毒患者，都说是在家乡曾多次吃过“同样”的蘑菇而不会中毒。事实上它们并不一样，因为许多食用蘑菇和毒蘑菇是非常相似的，有时连专家也需要借助显微镜等工具才能准确辨别。因此预防毒蘑菇中毒最根本的方法是加强宣传、避免误食。不要采摘野蘑菇食用，而是去正规菜市场和超市购买蘑菇。

误区 46：人工种植的蘑菇重金属含量偏高

【案例背景】

小张特别爱吃各种菌类食物，由于野生蘑菇需要采摘，一不小心还会中毒，因此，他经常网购各种人工种植的蘑菇炒菜、炖汤。但小王提醒他，蘑菇能富集重金属，现在人工种植的蘑菇所含的重金属高，也不能吃。小张犹豫不决，该如何安心地享用菌类食物呢？

【误区】

（1）现在种植的蘑菇重金属含量偏高，不能吃。

（2）野生的蘑菇重金属含量远低于人工种植的蘑菇。

【专家解析】

蘑菇是可食用大型真菌的俗称。在同等土壤环境下，蘑菇富集重金属的能力确实比蔬菜、水果强，但这并不意味着蘑菇中一定富含重金属，只有生长在重金属含量高的环境中的蘑菇才可能出现重金属含量高。野生蘑菇在野外环境中自由生长，其所含的营养物质和重金属受土壤环境的影响很大。如果环境没有受到污染，蘑菇中重金属的含量就很低；如果蘑菇生长的环境受到了污染，野生蘑菇的重金属含量可能会比较高。

现代农业种植蘑菇多使用无土栽培的方法，也就是利用一些基质如秸秆、棉籽粒、麸皮等，配合水和营养液等进行种植，这种方法可以对蘑菇的种植环境进行很好的控制，避免重金属的污染。《食品安全国家标准 食品中污染物限量（GB 2762—2022）》也对食用菌及其制品中重金属的含量有明确规定，所以通过正规渠道购买的食用菌，消费者完全可以放心食用。

【延伸阅读】

《食用菌生产技术规范（NY/T 2375—2013）》规定了食用菌生产中对栽培场地和场所环境、生产投入品、培养料制备、接种、发菌期管理、出菇期管理、病虫害防控、采收、修整、包装、保鲜、运输和储存的技术要求。

《食品安全国家标准 食用菌及其制品（GB 7096—2014）》中规定了食用菌及其制品终产品的要求（表 14），保证了食用菌的食品安全。

表 14 食用菌及其制品主要项目和指标

项目	指标
水分（g/100 g）	
香菇干制品	≤13
银耳干制品	≤15
其他食用菌干制品	≤12
米酵菌酸（mg/kg）	
银耳及其制品	≤0. 25
铅（mg/kg）	≤0. 5
镉（mg/kg）	≤0. 2
甲基汞（mg/kg）	≤0. 1
无机砷（mg/kg）	≤0. 5

食用菌的营养价值很高，是高蛋白、低脂肪的食品，含有多种氨基酸和维生素，能量较低。食用菌鲜品美味可口，干品香味浓郁，有“素中之荤”的美称，长期以来为宴上佳肴。食用菌不但营养丰富，而且具有药用价值。蘑菇含有的多糖等化合物，能够辅助调节血脂、血糖，还具有抗癌的作用。《中国居民膳食指南（2022）》也建议经常吃些食用菌和藻类食物。

误区 47：人造木耳就是掺假，有毒

【案例背景】

小明和妈妈去逛街，妈妈看着一处木耳摊说："木耳这么便宜肯定是人造的，有毒。"小明有点疑惑，什么是人造木耳，它是假的吗？

【误区】

（1）人造木耳有毒，不能吃。

（2）人造木耳就是掺假木耳。

【专家解析】

人造木耳是以海藻酸钠、面粉、红糖等为主要原料制造，其所有原料均可食用。人造木耳所用的海藻酸钠是一种天然食物添加剂，吸水性很小，因此泡水后体积增长也很有限。人造木耳用红砂糖着色，所以品尝时有甜味，而天然木耳是没有甜味的。人造木耳的工艺还无法制造出类似于木耳的耳基，产品无法达到逼真的目的。简单说，人造木耳就是用可食用的原料加工的、外形像天然木耳的食品，所以，人造木耳安全无毒，是可以食用的，但人造木耳没有天然木耳的营养成分，营养价值显然不能和天然木耳相媲美。

掺假木耳五花八门，主要是添加各种物质来增重或者使木耳更"漂亮"，以此来非法牟利。例如，将木耳放入卤水、红糖、硫酸镁及墨汁等溶液中浸泡，之后再晒干成色泽乌黑、油光发亮、又大又厚的"黑木耳"。食用这种"木耳"后，很可能出现呕吐、腹泻等中毒现象，因此，假木耳主要是在天然木耳中添加、掺杂某些物质制成，这些添加的物质可能带来食品安全问题。

【延伸阅读】

木耳，又叫云耳、桑耳，是重要的食用菌，有广泛的自然分布，同时人工栽培也较普遍。木耳质地柔软，口感细嫩，味道鲜美，风味特殊，且富含蛋白质、脂肪、糖类及多种维生素和矿物质，有很高的营养价值。

如何来挑选优质黑木耳呢？一看形状，如果朵形均匀，卷曲现象少，就表明是优质的黑木耳。二看色泽，优质黑木耳一般内部呈现黑色光泽，背部呈灰色而且没有明显的脉络。三闻味道，真正的黑木耳是没有异味的，尝起来有清香味。四是触感和声音，我们买的木耳大多数都是干品，在选择的时候，用手掂一掂，同样大小的黑木耳质量较轻的即为优质的，捏的时候有干脆的响声，说明是优质的干货。五是泡发率，优质的黑木耳泡发率很高。泡发时黑木耳先漂在水面，然后慢慢吸水膨胀舒展开来，颜色呈棕黄发黑，最后均匀地漂浮在水中，每片的边缘厚实。

误区 48：夏天吃卤味容易导致食物中毒

【案例背景】

8 月的某天，某公司在酒店团建时吃了鸭翅、牛肚等卤味拼盘食物后，有上百人同时出现胃肠道不适、上吐下泻、发热等症状，部分症状较重者送医院治疗，医院进行粪便培养，诊断为沙门氏菌肠道感染。

【误区】

（1）夏天吃卤味容易导致食物中毒。

（2）吃鸭翅、牛肚等就会食物中毒。

【专家解析】

夏秋季环境温度比较高，消费者在吃卤味食物或其他各种冷菜的时候，要特别小心细菌污染和繁殖。细菌生长适宜的温度为 30～37 ℃；霉菌、酵母菌适宜生长温度是 25～28 ℃；一般致病菌的适宜生长温度为 37 ℃（如沙门氏菌、副溶血性弧菌、大肠杆菌、李斯特菌、金黄色葡萄球菌等），少数为 42 ℃，在 20 ℃以上即能大量繁殖。卤味食品的特点是从加工好到食用前的间隔时间长，不管是卤味拼盘食品还是单一的鸭翅或牛肚，一旦熟的食品被致病菌污染，在夏秋季节最容易导致细菌性食物中毒。但是只要严格做好食品卫生管理，避免食物污染，低温保存，是可以预防此类食物中毒发生的，消费者大可放心在夏天食用卤味。

沙门氏菌是一种常见的食源性致病菌，是世界范围内肠道感染（食物中毒）的最常见原因之一。沙门氏菌在 20 ℃以上的温度下能大量繁殖。沙门氏菌食物中毒的主要症状是肠胃炎，胃肠道症状通常在摄入受污染的食物或水后 4 ~ 72 小时开始出现，并持续 4 ~ 7 天。从发热（体温通常 > 40 ℃）、身体不适和厌食开始，然后发展为腹泻、呕吐和腹痛。常见食物来源：生的或未煮熟的肉类、禽蛋、未经高温消毒的（生）牛奶和果汁、生的水果和蔬菜、乳制品等。含有沙门氏菌的食物（如肉类）应与其他食物分开存放，并且温度应低于 10 ℃。

【延伸阅读】

食用卤味应当注意以下几点。

① 散装卤味最好当天吃完。因为气温高时，卤制的肉类和豆干等在室温环境下易变质，即使在冰箱内过夜也不安全。有很多嗜冷型微生物在冷藏甚至冷冻的条件下均可缓慢生长。因此，卤味放冰箱储藏并非绝对“保险”，最好当天吃完。

② 一次吃不完加热再食用。卤制品一次性吃不完，储存在冷冻室相对安全些。但是取出食用前应充分加热，用高温的方式杀死多数微生物。如果卤制品表面发黏，颜色、气味有变化，可能已经腐败，不要再吃。

③ 搭配食用口感好。卤制品如卤猪蹄、卤肉、卤内脏，搭配口味清淡、维生素 C 含量多的食物吃，减少油腻感；爽口类卤制品如卤豆干、卤藕片，搭配卤汤则风味更佳。吃的时候要适量，不要一次性吃太多。

④ 包装好的比散装的安全系数高。现有的散装卤制品常温下的保质期通常为 1 天，为了延长散装熟卤制品的保质期，厂家会采用真空包装、添加防腐剂、微波杀菌和臭氧杀菌、气调包装等方法进行处理和保存后再销售，一般情况下，保质期内的食品不会导致食物中毒。

⑤ 到正规卤菜店购买。在购买卤制品时，相对于街头小摊，选择正规的店购买卤制品更有安全保证。

⑥ 尽量少吃卤味。卤制品在加工过程中，蛋白质中的氨基酸和调味料中的硝酸盐、亚硝酸盐等成分会溶入汤里，并逐渐浓缩，因此反复使用的卤或汤可能存在亚硝胺含量升高的问题。同时，过度依赖大量食盐、香料和增鲜剂制作的卤味食物，长期食用容易让人味觉敏感度下降，对日常的清淡食物失去兴趣，不利于整体膳食健康。

误区 49：吃凉拌黄瓜中毒是农药造成的

【案例背景】

凉拌黄瓜是夏天一道家庭常吃的清爽可口的菜品，王奶奶在农贸市场买了点海鲜、黄瓜等回家，洗好切好便腌制黄瓜片，半小时后将黄瓜片挤尽水后，加糖、葱，浇上热油拌匀。晚饭一家 4 口人吃得很开心。第二天早晨小孙子肚子痛，开始拉肚子，随后小孩父母和王奶奶也陆陆续续感觉肚子不舒服，也拉肚子。王奶奶就想起昨天黄瓜没有浸泡，可能是农药中毒了。于是她向食品药品安全监管部门投诉，经调查一家人感染了副溶血性弧菌。

【误区】

（1）吃凉拌黄瓜中毒是农药造成的。
（2）水产品才容易引起副溶血性弧菌中毒。

【专家解析】

副溶血性弧菌是多形态杆菌或稍弯曲弧菌。1950 年，日本大阪发生一起因食用青鱼干导致 272 名患者中毒、20 人死亡的集体食物中毒事件，在此事件中首次发现该菌，1963 年命名为副溶血性弧菌。由于本菌嗜盐畏酸，也称嗜盐菌，海产品中常带此菌。进食被副溶血性弧菌污染的食物后 10 小时左右出现上腹部阵发性绞痛、腹泻，多数患者在腹泻后出现恶心、呕吐，腹泻多为水样便。

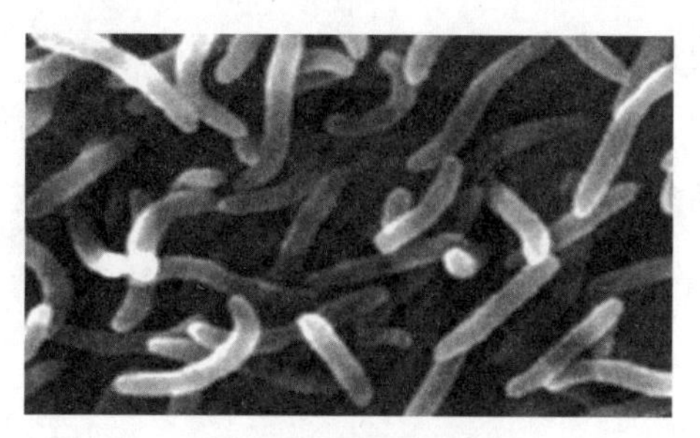

副溶血性弧菌电镜照片

本案例中买回家的海鲜很可能带有副溶血性弧菌，在清洗、切配过程中由于容器、刀具等没分开使用，导致黄瓜被副溶血性弧菌污染，然后腌制时正好创造了多盐的环境，常温下副溶血性弧菌在腌制黄瓜中迅速繁殖，达到足以导致中毒的数量，加上凉拌时不再加热，不会杀灭此菌，一家人食用后便发生了食物中毒，即副溶血性弧菌感染。

【延伸阅读】

副溶血性弧菌，也称肠炎弧菌，是一种嗜盐性的革兰阴性菌，呈棒状、弧状、卵圆状，无芽胞，属于弧菌属。在无盐培养基上，副溶血性弧菌不能生长，在3% ~6%食盐水中繁殖迅速，每8 ~9 分钟为一繁殖周期，在低于0.5%或高于8%盐水中停止生长。在食醋中1 ~3 分钟即死亡，加热至56 ℃时5 ~10 分钟可灭活。其主要寄生在鱼、虾、蟹、贝类和海藻等海产品中，是我国沿海地区常见的食物中毒病原菌。正是该致病菌嗜盐性这一特点，沿海地区副溶血性弧菌感染率很高。

进食含有该菌的食物可致食物中毒，其致病物质主要是溶血素。溶血素具有溶血活性、肠毒性和致死作用。主要病理变化为空肠及回肠有轻度糜烂、胃黏膜炎、内脏（肝、脾、肺）瘀血等。临床上以急性起病、腹痛、呕吐、腹泻及水样便为主要症状。白细胞计数总数多在10 000/mm^{3}以上，中性粒细胞偏高。粪便镜检可见白细胞或脓细胞，常伴有红细胞，粪便培养可检出副溶血性弧菌。

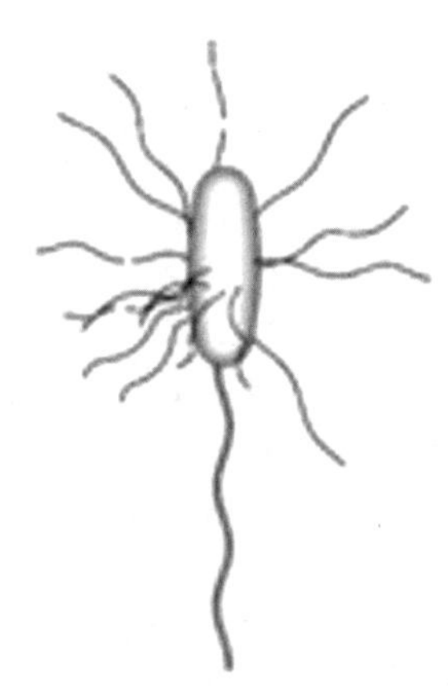

副溶血性弧菌模式图

加工海产品的案板上副溶血性弧菌的检出率

可达到80%。因此，对加工海产品的器具必须严格清洗、消毒。海产品一定要烧熟煮透，加工过程中生熟用具要分开。烹饪和调制海产品拼盘时可加适量食醋。食品烧熟至食用的放置时间不要超过4小时。

误区 50：孕妇早产不可能由食物引起

【案例背景】

吴女士怀孕 37 周，下腹阵痛，少量阴道见红半天，入院待产，产前发热，胎儿宫内窘迫，立即行剖宫产，新生儿重度窒息。医院采集新生儿的脑脊液和母亲的血液，经培养检出单核细胞增生李斯特菌（简称单增李斯特菌），诊断为单增李斯特菌感染。产妇一周前曾经从某店买过三次夫妻肺片，并且疾控人员从该店的冰箱、夫妻肺片调味操作锅、铲、刀具表面均检出单增李斯特菌。

【误区】

（1）食物不可能引起孕妇早产。
（2）细菌感染就是拉拉肚子就好了。
（3）食源性疾病都是急性的。

【专家解析】

单增李斯特菌可引起兔子单核细胞急剧增加，后来发现可以引起孕妇流产和脑膜炎。1926 年由 Murray 首先发现，单增李斯特菌广泛存在于自然界中，不易被冻融，能耐受较高的渗透压，在土壤、地表水、污水、废水、植物、青储饲料、烂菜中均有该菌存在，动物很容易食入该菌，并通过口腔-粪便的途径进行传播。该菌在 4 ℃的环境中仍可生长繁殖，是威胁人类健康的主要病原菌之一。

单增李斯特菌中毒严重的可引起血液和脑组织感染，孕妇感染后通过胎盘或产道感染胎儿或新生儿，在感染后 3 ~ 70 天出现症状，健康成人可出现轻微类似流感症状，易感者突然发热，剧烈头痛、恶心、呕吐、腹泻，出现败血症、脑膜炎等症，被感染孕妇易流产。新生儿、孕妇、40岁以上的成人、免疫功能缺陷者特别容易被感染。孕妇被感染概率是普通人的10倍。本案例中的孕妇就是吃了受单增李斯特菌污染的夫妻肺片而发病。

【延伸阅读】

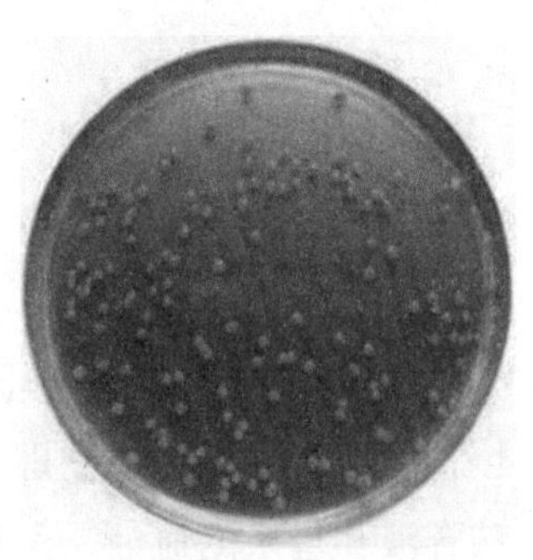

单增李斯特菌培养皿培养

单增李斯特菌是革兰阳性菌，在2～42 ℃的环境中可生长；单增李斯特菌是一种常见的土壤细菌，在土壤中它是一种腐生菌，兼性厌氧菌，以腐烂的有机物为食。该菌的生长温度范围为2～42 ℃（也有报道在0 ℃能缓慢生长），最适培养温度为35～37 ℃，pH范围弱酸至弱碱性（4.4～9.6）。

单增李斯特菌是一种人畜共患病的病原菌。它能引起人、畜患病，以反刍动物感染脑膜炎的情况最为常见。该菌是一种细胞内寄生菌，附着及进入肠细胞与巨噬细胞内增生；该菌产生α溶血素、β溶血素和细菌性过氧化物歧化酶。欧美国家每年的发病率在1/10万左右，但其死亡率高达20%～30%。其致死率高过沙门氏菌及肉毒杆菌。感染者通常用氨苄青霉素或青霉素等治疗。

85%～90%的单增李斯特菌感染病例是通过食品引起的。人主要通过食用被该菌污染的食品而感染，这些被单增李斯特菌污染的食物主要是软奶酪、未充分加热的鸡肉、未再次加热的汉堡、鲜牛奶、巴氏消毒奶、冰激凌、生牛排、羊排、凉拌卷心菜、馅饼、冻猪舌等，尤其以冷冻冷藏的食品为主。2017年，我国监测27个省份的即食食品，分离到单增李斯特菌239株，并进行了全基因组测序。结果发现4.6%（11株）的菌株携带耐药基因，主要为甲氧苄啶耐药基因。

误区 51：刚蒸熟的肉包子不可能引起细菌性食物中毒

【案例背景】

某单位食堂厨师最近手指上被划破了一点点，伤口化脓了。厨师天不亮就照常起来做肉包子。当天中午的气温约 35 ℃，近中午时分，厨师将包子上蒸笼，中饭时正好出笼供应。下午 3 点，吃了肉包子的员工陆续出现以呕吐、腹痛为主的症状。经食品监管部门和疾控人员调查、采样检验，结果发现该事件是由金黄色葡萄球菌毒素中毒引起的。

【误区】

（1）食品中的细菌被高温杀死，不会造成中毒。

（2）致病菌才会导致人的细菌性中毒。

【专家解析】

金黄色葡萄球菌，为一种常见的食源性致病微生物。常寄生于人和动物的皮肤、鼻腔、咽喉、肠胃、痈和化脓疮口中，空气、污水等环境中也无处不在。该菌耐高温耐盐，最适宜生长温度为 37 ℃左右。该菌在繁殖的过程中会产生肠毒素，而肠毒素正是致病的真正元凶。食品中的肠毒素耐高温，一般烹调温度无法将其破坏，须在 218～248 ℃的高压锅中 30 分钟才能被破坏。本案例中就是因为厨师手指化脓伤口中的金黄色葡萄球菌污染了肉包子，在常温下存放了一上午，金黄色葡萄球菌繁殖过程中产生了耐高温的肠毒素。用蒸笼蒸可以杀死金黄色葡萄球菌，但是不能破坏金黄色葡萄球菌肠毒素，进而导致员工中毒。

【延伸阅读】

金黄色葡萄球菌隶属于葡萄球菌属，是革兰阳性菌，在培养基中菌落特征表现为圆形，菌落表面光滑，颜色为无色或者金黄色，在显微镜下排列成葡萄串状，对高温有一定的耐受能力，在 80 ℃以上的高温环境下 30 分钟才可以将其彻底杀死。该菌可以耐受 15% 浓度的 NaCl 溶液。由于细菌本身的结构特点，采用 70% 乙醇可以在几分钟之内将其快速杀死。

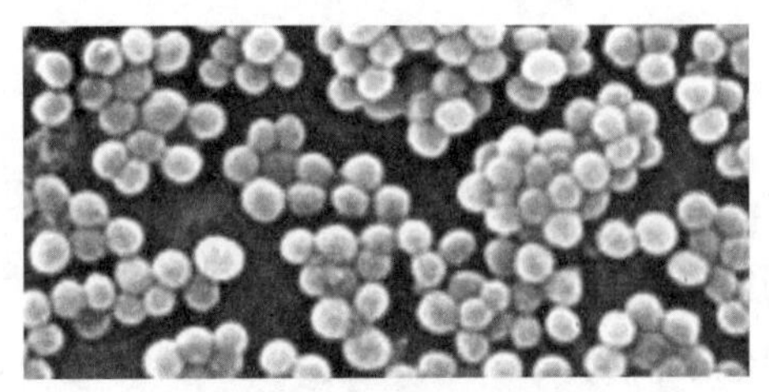

金黄色葡萄球菌电镜照片

大约 25% 的人和动物的皮肤和鼻子上都有葡萄球菌。它通常不会导致健康人生病，但葡萄球菌能产生肠毒素。肠毒素是一种单链小分子蛋白，分子量为 26 ~ 29 kDa，具有热稳定性，可破坏人体肠道组织，导致呕吐、腹泻等症状。研究已发现多种类型的肠毒素或类肠毒素，除传统肠毒素 A（SEA）、B（SEB）、C（SEC）、D（SED）、E（SEE）之外，SEG、SEH、SEI、SEJ、SEK、SEL、SEM、SEN、SEO、SEP、SEQ、SER、SEU 和 SEV 等肠毒素也不断被发现。食用了被金黄色葡萄球菌肠毒素污染的食物会引起中毒，其临床特征是突然开始恶心、呕吐和胃痉挛，大多数人还会出现腹泻。症状通常在食用或饮用含有金黄色葡萄球菌毒素的食品后 30 分钟至 8 小时内出现，持续时间不超过 1 天。

金黄色葡萄球菌可通过以下途径污染食品。食品加工人员、厨师等带菌，造成食品污染；食品在加工前本身带菌，或熟肉制品包装不严，加工、运输过程中受到了污染；携带金黄色葡萄球菌的人如果接触食物前不洗手，也会污染食物。烹饪可以杀死金黄色葡萄球菌，但毒素没法被破坏，仍然会致病。被金黄色葡萄球菌毒素污染的食物闻起来并不难闻，看起来也没有变质。日常生活中，在制备食物之前、期间和之后以及进食之前，要用肥皂和水洗手至少 20 秒；如果手或手腕有伤口或感染，制备食物时要戴手套。

误区 52：扁豆要用急火快炒

【案例背景】

临近中午，工地上饥肠辘辘的小王拿到了公司分发的盒饭，有个清炒扁豆，这正是小王爱吃的，扁豆呈青绿色，口感清香。嗯，不错！谁料到了下午，小王感觉阵阵腹痛、恶心，连续呕吐几次之后，他感觉有点头晕。巧的是，同办公室另两位同事也出现类似症状，三人赶紧去医院就诊。难道是中午盒饭有问题？三人到医院后发现有几个公司同事也因呕吐不适已来医院看病了。医生报告至疾控中心，疾控人员调查发现，小王和同事是进食了没有充分烧熟的扁豆导致的中毒。

扁豆

【误区】

（1）扁豆是蔬菜，就是要急火快炒。

（2）豆类里只有扁豆才会引起中毒。

【专家解析】

扁豆中含有皂素和红细胞凝集素。这两种毒素在 100 ℃加热 20 分钟以上就可以被破坏分解，在用沸水焯扁豆、急火炒扁豆的时候，时间较短，温度不够高，难以破坏扁豆中的天然毒素，食用这样的扁豆就很容易引起中毒。还有些人为了追求颜色漂亮，仅仅将扁豆在沸水中浸一下就食用，这种做法更加容易引起中毒。

实际上，扁豆中毒一般发生在一些集体食堂，因为锅大、量多，往往不能做到均匀翻炒，导致扁豆不能烧熟煮透，其有毒成分没有被充分破坏，人食用后容易导致中毒。不仅是扁豆，刀豆、芸豆、豇豆等都含有类似毒素，同样有导致中毒的风险。

菜豆中毒一般发生在进食后的 1 ~5 小时之间，主要表现为恶心、呕吐、腹痛、腹泻等急性胃肠炎症状；严重时会表现出头晕、头痛、出汗、胸闷、心慌、四肢麻木等症状。少数人会出现溶血症状，如面色苍白、黄疸、腰痛、酱油样尿及呼吸急促等，病程一般 1 ~3 天。

【延伸阅读】

刀豆、扁豆、芸豆、豇豆一般被作为蔬菜，故统称为菜豆，是人们喜食的常见蔬菜之一。菜豆中毒时有发生，尤其是在秋季，多为烹制未熟透所致。菜豆中主要含有红细胞凝集素和皂素两种有毒成分。菜豆的豆荚中含有皂素，皂素对消化道黏膜有强烈的刺激性，可引起黏膜充血、肿胀及出血，并能破坏红细胞引起溶血。但因豆荚在豆角的外层，烹调时皂素容易被加热而破坏。红细胞凝集素主要存在于某些豆粒中，其中以红芸豆中的含量最高，白芸豆中的含量只有红芸豆的 1/3，而扁豆的红细胞凝集素含量只有红芸豆的 5% ~10% 。红细胞凝集素具有凝血作用，能引起强烈的呕吐。由于其存在于豆粒中，毒性大，不易被破坏，需要加热到一定温度并持续一段时间才能被全部破坏掉，因此是引发菜豆中毒的主要原因。有研究表明，菜豆红细胞凝集素是其体内主要的自我防卫机制之一，可以发挥抗虫和抗菌的作用。

预防菜豆中毒应注意以下几点。

① 尽量购买嫩菜豆。

② 皂素在菜豆的两端及荚丝中含量较高，烹调前必须掐尖、剥丝、断尾，并将其在水中浸泡 15 分钟。

③ 炒食菜豆时不要贪图脆嫩，应充分翻炒均匀，煮熟焖透，使菜豆失去原有的生绿色和豆腥味。实验证明：菜豆只要水煮 30 分钟以上，或油炒 10 分钟以上就可破坏其毒素。部分菜豆的晚熟品种，皮厚、豆大，菜豆往往含有较多的毒素，加工更应彻底，延长烹煮时间。

误区 53：新鲜黄花菜直接烹调，也不必煮熟

【案例背景】

新手妈妈王女士听说黄花菜有下奶的功能，就买了新鲜的黄花菜，洗净后加入葱姜、八角和茴香，炒至约八成熟。王女士吃后 1 小时出现了恶心、呕吐、腹痛、腹泻等胃肠道刺激症状。

新鲜的黄花菜

【误区】

新鲜的黄花菜可以直接烹调，也不必煮熟。

【专家解析】

黄花菜又叫金针菜、忘忧草，主要产自湖南、山西、甘肃、四川等地。黄花菜营养丰富，含糖量高，还含有丰富的钙、磷、铁和胡萝卜素，新鲜的黄花菜当中，还含有丰富的维生素 C。通常，我们吃的是干的黄花菜。但有不少地方，特别是黄花菜的产地，有人喜欢吃新鲜的黄花菜。然而，新鲜黄花菜中含有某种毒素，如果处理不当，吃多了容易引起中毒。而吃得越多的人，发病越快，症状越严重，多在吃后的 0.5 ~5 小时以后开始发病，轻者口渴、喉咙有烧灼感，上腹部不适、呕吐、腹泻、腹痛，有的还会出现心慌、胸闷、头昏、头痛、大量出汗等症状，重者还会出现血尿、血便、尿闭与昏迷等。干黄花菜虽不如新鲜黄花菜好吃，但干制的黄花菜在经过水蒸气熏蒸、晾晒以后，去除掉了大部分的毒素，这样食用就比较安全了。

【延伸阅读】

黄花菜在我国已有几千年的种植历史，是一种经济价值、营养价值和药用价值都较高的食用植物。黄花菜中的化学成分十分复杂，包含黄酮类、生物碱类、蒽醌类、萜类、甾体类及苷类等。在众多成分中最主要的是黄酮类、蒽醌类及生物碱类化合物。现代药理学研究表明，黄花菜提取物具有抗抑郁、镇静安神、抗氧化和抗肿瘤等功效。

1978—2020 年，40 多年间我国共报道超过 30 起食用新鲜黄花菜导致中毒的事件，共造成了超过 900 人中毒。中毒症状主要表现为腹泻、腹痛、恶心、呕吐等消化系统症状。经过对症治疗都能很快康复，无死亡病例出现。关于中毒原因，绝大多数报道都是以传统教科书为依据，怀疑是新鲜黄花菜中的秋水仙碱所致。在过去的几十年间教科书上写的“食用新鲜黄花菜易导致食物中毒，而黄花菜中含有的秋水仙碱则是导致中毒的主要成分”已广泛传播。

近几年的研究表明，从我国黄花菜产地（湖南、山西、四川、甘肃、陕西、湖南、江苏、河北等）及德国共采集了 156 个不同品种的新鲜黄花菜样品，这些样品中均未检出秋水仙碱，也不存在秋水仙碱生源合成的前体化合物，而在秋水仙球中均能够检测到前体化合物，黄花菜中也不存在参与合成秋水仙碱及其前体化合物的同源基因。这些证据表明黄花菜中不存在秋水仙碱。

食用 1 ~ 2 两（50 ~ 100 g）新鲜黄花菜就可能引起急性中毒。要想既享受新鲜黄花菜的美味又避免中毒，可采取以下措施。

① 摘除含有花粉的花蕊。因为毒性物质绝大部分都在花粉里。

② 把所有摘除花蕊的新鲜黄花菜冲洗，然后浸泡 20 分钟以上。清水浸泡时，可以将毒性物质溶解于水中。

③ 把泡好的新鲜黄花菜放在开水里焯熟，焯的时候在开水里加点盐起护色作用。

④ 把焯好的新鲜黄花菜捞出冲凉，然后再次用清水浸泡 2 小时左右（中间换一次水），这样基本就可以把毒素去除干净了。

误区 54：吃冷冻肉有害健康，冷冻食品没营养

【案例背景】

最近两年，“国家储备肉”这个名词在网络或日常生活中听到的次数越来越多，有时在超市买猪肉也能看到冷冻储备肉销售，价格往往比新鲜猪肉便宜 1/3，有些地方甚至能便宜一半，可很多消费者认为“便宜没好货，这种肉的品质肯定有问题”，有的消费者认为冷冻食品没有营养，并且有害身体健康。

【误区】

（1）吃冷冻肉有害健康。
（2）冷冻食品没营养。

【专家解读】

市场上常见的肉类有：摆放在保鲜柜里的冷鲜肉、放在冷冻柜里的冷冻肉以及悬挂售卖的鲜肉等。在同等价位的冻肉和鲜肉中，绝大多数的消费者会选择购买鲜肉。但是在这些消费者中，大多数家庭会把购买后的鲜肉放进冰箱冷冻保存。有研究人员对冷冻半年的猪肉进行营养分析发现：其蛋白质含量为 22.4%，脂肪含量为 10.7%，水分为 73%，其他矿物质、维生素的含量与鲜肉几乎无差别。因此，冷冻肉并不是有害食品，而是有营养的食品。人们之所以排斥冷冻肉，一个很大的原因是近年来曝光的冷冻肉不安全事件。事实上，正规处理的冷鲜、冷冻肉是安全卫生的。

现在的冷冻食品大概分为五大类：果蔬、水产、肉禽蛋、米面制品以

及方便食品。在日常生活中，消费者常常会认为冷冻保存后的食品不新鲜，营养价值降低甚至没有营养了。果蔬被采摘后，仍然会进行呼吸作用，并对内部营养进行消化，营养物质会流失，那是因为它们本来就会流失，而不是因冷冻而流失。冷冻是更好地保存食品的方式，但食物反复冻融会导致细胞结构破坏，进而加速变质。以甜玉米为例，甜玉米刚摘下来，糖分就开始流失，而冷冻会阻止它的糖分流失。对于肉类而言，肉中含有一定量的水分，在冷冻的温度下，肉中的水分会被冻成小冰晶。冷冻过后的肉，虽然会发生蛋白质变性的一系列化学变化，在口感方面会有一定的影响，但是在蛋白质、脂肪等营养物质的含量上，并不会发生较大变化。

现代食品工业的冷冻技术已经非常成熟，而且在果蔬、肉类食品的冷冻加工过程中，为了提高营养水平，还会重新进行搭配。例如，速冻水饺的馅料搭配甚至比家庭手工制作的营养搭配更加合理，营养价值并不低。消费者只要选择正规厂商生产的产品，购买前仔细阅读营养标签，就能够购买到营养美味的冷冻食品。

【延伸阅读】

（1）热鲜肉。

热鲜肉是畜禽宰杀后不经冷却加工，直接上市的畜禽肉，也是我国传统畜禽肉品生产销售的方式，一般是凌晨宰杀、早晨上市。从屠宰到出售的时间只有2～4小时，此时刚好是处于鲜肉的僵硬阶段，口感和风味都很差，并且不易腌制、烹饪。由于屠宰环境不整洁，各种细菌大量繁殖。但因为加工简单，长期以来热鲜肉一直占据我国鲜肉市场。

（2）冷鲜肉。

冷鲜肉又叫冷却肉、排酸肉、冰鲜肉，准确地说，应该叫“冷却排酸肉”，是指严格执行兽医检疫制度，对屠宰后的畜胴体迅速进行冷却处理，使胴体温度（以后腿肉中心为测量点）在24小时内降至0～4 ℃，并在后续加工、流通和销售过程中始终保持在0～4 ℃范围内的生鲜肉。因为在加工前经过了预冷排酸，使肉完成了“成熟”的过程，所以冷鲜肉看起来比较湿润，摸起来柔软有弹性，加工起来易入味，口感滑腻鲜嫩，冷鲜肉在-2～5 ℃温度下可保存七天。经过冷却“成熟”以后，冷鲜肉肌肉中肌原纤维的连接结构会变得脆弱并断裂成小片段，使肉的嫩度增加，肉质得到改善。可按以下方法选购冷鲜肉。

一看：先看肉色，肉的表面光洁、细嫩，则为合格的冷鲜肉；表面发暗、发干，则为不合格的冷鲜肉。其次看脂肪，脂肪洁白，光泽油腻，则为合格的冷鲜肉；脂肪无光泽或呈灰绿色则为不合格的冷鲜肉。

二嗅：嗅闻肉的气味，无腥臭、气味较纯正的肉，则为合格的冷鲜肉；略有氨气味或酸味的肉，则为不合格的冷鲜肉；有刺鼻腥臭味的肉，则为变质肉。

三摸：用手触摸肉表面，若表面湿润、切面不粘手的肉为合格的冷鲜肉；若表面微干、切面有粘手感的肉，则为不合格的冷鲜肉；表面较为干燥、切面粘手严重的肉，则为变质肉。

四压：按压肉表面，若按压后的凹面能快速恢复原状，则为合格的冷鲜肉；若按压后肉的凹面恢复较慢或不能完全复原，则为不合格的冷鲜肉；若按压后凹印不能恢复，则为变质肉。

（3）冷冻肉。

冷冻肉是指畜禽被宰杀后，经预冷，继而在 -18 ℃以下急冻，深层肉温达 -6 ℃以下的肉品。经过冻结的肉，其色泽、香味都不如热鲜肉或冷鲜肉，但保存期较长，故仍被广泛应用。出于战略储备和稳定价格的需要，很多国家都会将大量肉类冷冻储存。我国在 2007 年颁布了《中央储备肉管理办法》，其中有以下规定：冻猪肉原则上每年储备 3 轮，每轮储存 4 个月左右；冻牛羊肉原则上不轮换，每轮储存 8 个月左右。对牛羊肉等冻品的保质期，我国规定一般是 8 ~ 12 个月，超期后不得解冻。

冷冻肉

冷冻肉由于水分的冻结，肉体变硬，冻肉表面与冷冻室温度存在差异，引起肉体水分减少，肉质老化干枯，称作“干耗”现象。冷冻肉的肌红蛋白被氧化，肉体表面的颜色逐渐变为暗褐色。随着温度渐降，肉组织内部形成个别冰晶核，并不断从周围吸收水分，肌细胞内水分也不断渗入肌纤维的间隙内，冰晶变大，从而使细胞脱水变形。由于大冰晶的压迫，造成肌细胞破损，风味和营养成分也有所降低。

若将新鲜肉在 -23 ℃快速冻结，则肉体内部形成的冰晶小而均匀，组织变形极少，解冻后大部分水分都能再吸收，故烹调后口感与鲜肉无甚差别，营养成分损失亦少。如果冻结时间过长，亦会引起蛋白质的冻结变性。解冻后，冻肉烹制的菜肴口感、味道就不如新鲜肉（表 15）。

表 15　市场肉类对比表

项目	热鲜肉	冷鲜肉	冷冻肉
安全性	从加工到零售过程中，易受到空气、运输车和包装等方面污染，细菌大量繁殖	0 ~ 4 ℃内无菌加工、运输、销售，24 ~ 48 小时冷却排酸，是目前最安全的食用肉	宰杀后的禽畜肉经预冷后，在 -18 ℃速冻，使深层温度达到 -6 ℃以下，有害物质被抑制
营养性	没有经过排酸处理，不利于人体吸收	保留肉质绝大部分营养成分，能被人体充分吸收	冰晶破坏猪肉组织，导致营养成分稍有流失
口味	肉质较硬、肉汤浑、香味较淡	鲜嫩多汁、易咀嚼、汤清、肉鲜	肉质干硬、香味淡、不够鲜美
保质期	常温下半天甚至更短	-2 ~ 4 ℃保存 3 ~ 7 天	-18 ℃以下保存 12 个月以上
市场占有率	60%	25%	15%

（4）冷冻肉的解冻。

解冻是冻肉销售或进一步加工前的必要步骤，是将冻肉内冰晶体状态的水分转化为液体，同时恢复冻肉原有状态和特性的工艺过程。解冻实际上是冻结的逆过程。解冻肉的质量与解冻速度和解冻温度有关。缓慢解冻和快速解冻有很大差别。

试验表明，在空气温度为 15 ℃条件下，牛肉四分之一胴体快速解冻时，损耗为3%；在 3 ~ 5 ℃进行缓慢解冻时，损耗只有 0.5% ~ 1.5%，由此可见，缓慢解冻可降低损耗 1.5% ~ 2.5%。肉的保存时间越长、解冻温度越高，损耗也越大。40 ℃时损耗 11.5%，7 ℃时损耗 4.35%，1 ℃时损耗 2.55%。

解冻的方法很多，但常用的有以下几种。

① 空气解冻法。

将冻肉移放到解冻间，靠空气介质与冻肉进行热交换解冻的方法。一般把在 0 ~ 5 ℃空气中解冻称为缓慢解冻，在 15 ~ 20 ℃空气中解冻称为快速解冻。家庭中可以先将冷冻的肉放在冰箱的冷藏位置解冻。

② 液体解冻法。

液体解冻法主要是用水浸泡或喷淋的方法解决。其优点是解冻速度较空气解冻快。缺点是耗水量大，同时还会使部分蛋白质和浸出物损失，肉色淡白，香气减弱。水温 10 ℃，解冻 20 小时；水温 20 ℃，解冻 10～11 小时。解冻后的肉，因表面湿润，须放在空气温度 1 ℃左右的条件下晾干。如果封装在聚乙烯袋中，再放在水中解冻，则可以保证肉的质量。在盐水中解冻，盐会渗入肉的浅层；腌制肉的解冻可以采用这种方法。猪肉在温度 6 ℃的盐水中 10 小时可以解冻，损耗仅为 0.9%。

③ 蒸汽解冻法。

蒸汽解冻法的优点在于解冻的速度快，但损耗比空气解冻大得多。由于水汽的冷凝，重量会增加 0.5%～4.0%。

④ 微波解冻法。

微波解冻可使解冻时间大大缩短，同时能够减少损耗。此法适于半片胴体或四分之一胴体的解冻，具有等边几何形状的肉块利用这种方法效果更好。因为在微波电磁场中，整个肉块都会同时受热升温。微波解冻可以带包装进行，但是包装材料应符合相应的电容性，且对高温作用有足够的稳定性。最好用聚乙烯或多聚苯乙烯包装，不能使用金属薄板。

⑤ 真空解冻法。

主要优点是解冻过程均匀，没有干耗。厚度 9 cm，重量 31 kg 的牛肉，利用真空解冻装置，只需 60 分钟即可完成解冻。

（5）“僵尸肉”。

“僵尸肉”的词义颇有争议，尚无明确定义，一般是指冷冻时间过长或者是大部分属于走私一类的冻肉。这类肉不仅不符合销售及食用的标准，甚至会对人体健康造成危害。消费者购置大量猪肉后，放在冰箱冷冻，时间久了会导致其口感下降。而且，由于冻肉被拿出来反复冻融，容易导致细菌滋生，带来食物中毒风险。因此，消费者应当选择正规商家购买肉及其制品，且不大量囤积肉，从而避免食用“僵尸肉”。

（6）冷冻肉类的储藏期见表16。

表16　冷冻肉类的储藏期

肉的种类	温度/℃	相对湿度/%	储藏期限/月
牛肉	-18～-23	90～95	9～12
猪肉	-18～-23	90～95	7～10
猪肉片	-18	90～95	6～8
羊肉	-18～-23	90～95	8～11
兔肉	-18～-23	90～95	6～8
禽类	-18	90～95	3～8
内脏（包装）	-18	90～95	3～4

误区 55：吃小龙虾不可能导致肌肉酸痛

【案例背景】

小龙虾上市季节到了，小李特别喜欢吃小龙虾，尤其爱吃小龙虾的头部，一次进食小龙虾 1.5 kg，3 小时后出现肌肉酸痛，进医院就诊被诊断为横纹肌溶解综合征。

【误区】

吃小龙虾不可能导致肌肉酸痛。

【专家解析】

2010 年，南京地区出现了 23 名与食用小龙虾相关的横纹肌溶解综合征患者。目前，横纹肌溶解综合征的真正病因及其发病机制尚不清楚。流行病学调查发现，吃小龙虾确实能引起横纹肌溶解综合征。此类病例往往是短时间内吃了明显超出常人食用量的小龙虾，并且爱吃小龙虾头部的人。

从食品安全的角度，建议大家不要在街头流动摊点购买小龙虾，不要自行到江边或河沟捕捞野生小龙虾。购买的小龙虾可在清水中冲洗干净，烧煮前应清洗干净，同时去除鳃部及肠道。小龙虾应煮熟煮透，防止患上胃肠道疾病和肺吸虫病。不要食用虾头、虾黄，而且吃小龙虾要有节制。小龙虾经油炸后，可降低发病风险。从健康的角度看，小龙虾是高蛋白、低脂肪食物，含有丰富的嘌呤核苷酸，多吃会诱发痛风。易过敏体质的人也尽量不要吃小龙虾。

凡进食小龙虾后 24 小时内出现全身或局部肌肉酸痛者，要及时到医院就医，并主动告知医生小龙虾的进食史。横纹肌溶解综合征易于治疗，致死率低。

【延伸阅读】

横纹肌是人体肌肉的一种，主要是骨骼肌和心脏肌肉，其中骨骼肌约占人体体重的40%。在临床上，肌肉溶解即横纹肌溶解综合征，又被称为肌球蛋白尿症，是一种内科急症。这里的“溶解”一词，是指组成肌肉的细胞发生破裂，内部蛋白质、肌酸激酶等物质进入血液。资料显示，在美国每年约有2.6万人患横纹肌溶解综合征。此病的成因主要分两种：其一是创伤性因素，主要包括急性挤压损伤（如被殴打、车祸时被重物压迫）、长时间肌肉被压迫（如地震后长时间被重物挤压身体）、电击或烧伤，以及被毒蛇、毒虫叮咬等。其二是非创伤性因素，包括缺氧、缺血、高温、乙醇及某些药物的过度使用（如个别他汀类降脂药、抗霉菌药或精神类药物）、过度运动、代谢异常，以及细菌感染等。

1924年夏秋，在波罗的海的哈夫（Haff）海滨出现急性中毒性肌肉病的流行，其表现为突然出现严重的肌肉僵硬、疼痛，无中枢神经系统的异常、发热和肝脾大，部分患者存在咖啡色尿，临床表现存在很大的差异。多数患者较快恢复正常，仅个别严重者死亡。在此后9年内的同一季节、同一地区发现了大约1 000例患者，并发现这些患者均与吃某些淡水鱼有关。鱼的品种包括淡水鳕鱼、鳝鱼和梭子鱼。这种疾病被称为哈夫病，即Haff病，多指患者食用水产品24小时内出现的不明原因的横纹肌溶解综合征。后来，地中海地区、美国、巴西以及中国北京都有过报道。2010年，在南京发现的食用小龙虾相关的横纹肌溶解综合征患者，具有与Haff病相似的流行病学特征和临床表现。其临床表现为肌肉酸痛并伴血清肌酸激酶和肌红蛋白升高，部分患者出现酱油色尿，大部分预后良好，个别严重者会出现急性肾衰竭。

国外研究人员进行过不明成分的毒理学试验，将生鱼和熟鱼分别用三种不同的溶剂进行提取，然后将提取物投喂给老鼠，并注射于其腹腔内。结果，熟鱼的一种提取物令老鼠出现了肌肉损伤和酱油色尿等类似症状，说明未知毒素是可溶于非极性脂类的，该毒素在高温下依然稳定，烹调无法使之消除。引起上述横纹肌溶解综合征的首要“嫌犯”是海鱼体内的海葵毒素以及淡水鱼体内的类似毒素。

误区 56：吃虾会砒霜中毒

【案例背景】

据网络报道，一名女孩突然无缘无故地七窍流血死亡，经过初步验尸，断定为因砒霜中毒而死亡。一名医学院的教授受邀赶来协助破案，教授仔细察看了死者胃中提取物后说："死者是因为砒霜中毒而死，并且砒霜是在死者腹内产生的。"后续了解到死者生前每天会服食维生素 C，晚餐又吃了大量的虾。问题就出在这！美国芝加哥大学的研究员通过实验发现，虾等软壳类食物中含有浓度较高的五价砷化合物。这种物质本身对身体基本无毒害作用，但维生素 C 可使原来基本无毒的五价砷转变为有毒的三价砷，也就是我们俗称的砒霜。

【误区】

虾 + 维生素 C = 砒霜。

【专家解析】

维生素 C 确实能把无毒的五价砷化合物还原成有毒的三价砷化合物，但这种化学反应不是那么容易发生的，反应过程非常复杂，需要一定的条件和剂量，并不是将两者混在一起就能产生剧毒。

海鲜里的砷主要以有机砷的形式存在，无机砷的含量在海鲜里最多不超过砷总含量的 4%，其中多是五价砷，少量是三价砷。而占主体地位的有机砷危害非常小，绝大部分以砷甜菜碱的形式存在，它们基本上会被原封不动地排出体外。而无机砷在海鲜里的含量很低，就算能被维生素 C 还原，产生三价砷（砒霜）的量极其少，连中毒反应都不会出现。科学家经过系列实验证实，要产生致死量的砷，起码需要一次吃上 125 kg 左右的虾，然后再服用一定量的维生素 C。所以，人体通过日常进食吃进去的维生素 C 和海鲜要产生使人体中毒的量是基本不可能的。

【延伸阅读】

虾等海鲜受到污染后，体内残留的重金属如五价砷等主要会聚集在头部，我们平时吃虾或其他海鲜时去掉头部，那么摄入的砷含量会更少。

另外，海鲜体内可能会携带其他低毒化学物质，可能会导致某些过敏体质的人产生过敏反应，严重的话可能危及生命。所以，过敏体质者尽量少吃或不吃海鲜。在食用海鲜时，一定要保证其新鲜程度，不能食用变质海鲜。

误区 57：吃生鱼佐白酒能杀虫

【案例背景】

喜欢吃生鱼片的绵先生听说白酒可杀死寄生虫，他每次吃生鱼片时一定要喝些白酒。可在一次吃鱼片佐白酒后，却觉得腹中隐隐不适，到了晚上腹部疼痛越发剧烈，疼得他满头大汗，连夜去医院急诊，被诊断为肝吸虫感染。

【误区】

白酒能杀死生鱼中的寄生虫。

【专家解析】

相较于咸水鱼，淡水鱼更容易成为寄生虫的宿主。肝吸虫病是常见的因生食或半生食鱼、虾而感染的寄生虫疾病之一。肝吸虫又称为华支睾吸虫，若淡水鱼鱼塘水体遭到人或猫狗粪便污染，粪便中的虫卵逸出毛蚴，进入鱼塘的螺蛳中寄生发育成尾蚴，当尾蚴进入鱼体后会形成囊蚴，囊蚴随人食用生鱼片时进入人体，在胆管中发育为成虫。成虫寄生在胆管时，人会出现发热、肝区疼痛，往往会被误诊为胆囊炎，长期堵塞甚至可能诱发胆管癌。肝吸虫的囊蚴外面有两层囊壁，像穿了厚厚的盔甲一样，有研究显示囊蚴在酱油内可存活 5 小时，在食醋内可存活 2 小时才死亡。因此，民间传闻的各类“杀虫秘籍”，不管是喝白酒，还是与大蒜、芥末、醋拌着吃都无法杀死肝吸虫。冰镇生鱼片蘸芥末生吃，堪称夏季一大美味，但淡水鱼的寄生虫感染概率很高。广东、广西、黑龙江等地的淡水鱼肝吸虫平均感染率高于其他地区。很多人为了追求鲜美嫩滑的口感，将鱼片放进开水烫一烫就捞出来，殊不知温度不足或者时间过短都会使肝吸虫逃过一劫，所以不单是生鱼片，鱼生粥、鱼片火锅等也有使人感染的风险。因此，避免肝吸虫病最好的秘诀是将食物充分煮熟后再食用，处理生鱼的砧板等厨具也应尽快消毒，并且与熟食分隔。凡是进食生鱼都会有感染肝吸虫的风险，但有时就算没吃，也有可能因为同伴进食生鱼后，通过筷子沾染到其他菜上而不幸被感染。鱼体内的肝吸虫囊蚴很难通过肉眼识别，最简单的方法是把鱼肉煮熟、煮透，杀死寄生虫后食用。

【延伸阅读】

除了肝吸虫外还有以下几种鱼类、肉类的寄生虫能通过生食鱼片、肉片引起感染，常见的有猪绦虫、广州管圆线虫、异尖线虫、裂头蚴、颚口线虫、肺吸虫。

① 猪绦虫。

如果人吃了含有绦虫囊尾蚴的猪肉（“米猪肉”），其会在人体小肠内发育为成虫，并随粪便排出孕节（绦虫产生虫卵的节片）或虫卵；当人误食绦虫卵，虫卵可在人体内发育为囊尾蚴，转移到全身，导致患上囊尾蚴病，引起失明或诱发癫痫。只要不吃生肉片，肉烧熟后吃就可保证安全。

② 广州管圆线虫。

螺类是广州管圆线虫的主要中间宿主和传播媒介。2006 年，北京曾暴发一起广州管圆线虫感染事件，导致 141 人患病。广州管圆线虫通常寄生于两种螺：一类是福寿螺，另一类是非洲大蜗牛。若加工不当，螺内含有的寄生虫就不能被有效杀灭。人感染广州管圆线虫后，表现为发热、剧烈头痛等症状。不吃凉拌福寿螺、冰镇花螺，螺彻底加热后食用就能避免广州管圆线虫感染。

③ 异尖线虫。

异尖线虫为一种寄生线虫，通体白色，误食含有异尖线虫幼虫且未经煮熟的鱼肉，可使用餐者受到感染，出现剧烈腹痛或过敏反应。不吃淡水鱼生鱼片，可避免感染异尖线虫。

④ 裂头蚴。

人工养殖的虎纹蛙因其风味独特、味道鲜美、营养价值高，而深受广大消费者喜爱。但俗名为“田鸡”的虎纹蛙，被裂头蚴感染的概率高达

49%，常见的爆炒等方法很难将裂头蚴杀死。一些地区甚至用蛙皮美容，贴在眼睛和皮肤上，导致裂头蚴通过眼结膜或皮肤黏膜，侵入人体中枢神经系统，引发头痛、癫痫等症状。

⑤ 颚口线虫。

黄鳝是颚口线虫的主要宿主，以食用日本和泰国等国进口的黄鳝发生感染最多见。颚口线虫的中间宿主有各种水生蚤类和淡水鱼类（包括黄鳝等）。在显微镜下，不管养殖还是野生黄鳝都常常寄生有颚口线虫。人感染颚口线虫后，颚口线虫会像无头苍蝇一样在人体内乱窜，对人体的组织器官带来损伤，进入眼睛可导致失明，进入大脑还可能致人死亡。因此不吃冰镇鳝片，少吃生的或半生的鱼类、两栖类等动物，可降低被颚口线虫感染的概率。

⑥ 肺吸虫。

肺吸虫病是一种人畜共患的蠕虫病，人因生食被肺吸虫幼虫感染的虾或蟹而得病。它主要寄生于人体肺部，也可寄生于皮下、肝等处，引起腹痛、便血等症状。因此，不吃醉蟹醉虾、生的或未煮熟的虾蟹可避免肺吸虫感染。

误区 58：野生鱼虾一定比养殖的好

【案例背景】

邻居张奶奶每天一大早就到菜场门口摆摊的老熟人小李那儿去买野生鱼虾给孙子补充营养，因为她觉得家住湖边的小李每天总能让她买到新鲜的野生鱼虾，这可比菜场里那些养殖的鱼虾安全、好吃多了。

【误区】

野生鱼虾更安全、更好吃、更营养。

【专家解析】

野生鱼虾可能是养殖中逃逸到江河湖泊（或放生到江河湖泊）生长的，野生水产品数量相对较少，满足了大众的求新、求鲜、求缺的心态。实际上，由于野生环境的污染存在不确定性和不可控性，比如重金属的富集和寄生虫感染，重金属污染就可能通过食物链使野生鱼虾中重金属浓缩富集。有人检测了 18 种野生淡水鱼虾，结果检出肝吸虫（华支睾吸虫）囊蚴的有 11 种，说明野生鱼虾的安全性较低。有些地方直接规定，野生鱼可以垂钓，但是严禁食用。

因此，不能简单地以野生还是养殖来判断鱼虾是否更安全、更好吃。说野生，要了解苗种的来源、鱼虾生长环境的污染程度；谈养殖，要了解到底是何种养殖方式、饲养环境和饲料的管控如何，这样才有比较性可言。

目前，人工养殖的鱼虾多采用现代化的养殖方式——场地循环水养殖，由于水体环境全程控制，有配套的生化滤池，以及直接使用纯氧机自动增氧，同时饲料严格管控，所以养殖出的鱼虾安全性高。

养殖的水产品口感和质量与野生的没有太大差别，甚至会比野生的口感更鲜美。品种相同的鱼，不管野生还是养殖的，营养成分几乎没差别。另外，商家为牟利用养殖的冒充野生的事时有发生，一般消费者也很难分辨。总之，消费者不必迷信野生水产品。

【延伸阅读】

野味广义讲可以指一切非人工养殖、种植的，人们用来作为食物的所有动物、植物。狭义上，野味是指陆地上猎取得来的做肉食的鸟兽。例如，野鸡、野兔等天上飞的、地上跑的动物。野生的植物往往称为野菜。

水里游的可称为野生水产品，总量比陆地上多得多。日常生活中接触到的海产品其实大部分都是野生的，尤其是深海水产品。

野味的风险主要来自宰杀野味过程中，动物携带的微生物，会传染到人身上。野味的营养价值并无特异之处，大多属于"智商税"食物，抑或是展现某种特权的炫耀性消费，"吃野味"在神秘主义叙事与营销技巧鼓吹的加持下，反而被美化。"野味"有营养、能保健是假，满足欲望和虚荣才是真。

从历次因食用野味而造成的沉痛教训中，我们应该得出一个社会共识：吃野味，就是与健康为敌，与文明为敌；保护野生动物，拒绝野味，守护家人健康！

误区 59：酵素青梅可减肥

【案例背景】

小红的体形偏胖，想要减肥，在网上看到食用酵素青梅可以减肥，且无须改变原来的生活方式，每天吃一颗小小的梅子就可以达到减肥的目的，小红心动地下单了。经过一段时间的尝试后，小红发现自己的体重没有明显变化，想要停止吃酵素青梅，但是不吃酵素青梅后，小红发现自己排便困难。

【误区】

（1）酵素青梅可减肥。

（2）酵素青梅的健康功效远超普通梅子。

【专家解析】

青梅高酸低糖，口感偏酸，不宜鲜食，所以经常加工成青梅果脯、青梅酒、青梅露、糖渍青梅等产品。本例中的酵素青梅从产品标签可以看出，是以糖渍青梅为主要原料，添加低聚木糖、食用植物酵素和酵母抽提物加工制成的，食用植物酵素含量不低于1%，属于蜜饯类食品，执行的标准是《蜜饯质量通则（GB/T 10782—2021）》和《食品安全国家标准 蜜饯（GB 14884—2016）》。既然是蜜饯，就没有减肥和保健功能。

食用植物酵素是以用于食品加工的植物为原料，经微生物发酵制得的，含有来自植物原料和微生物所提供的各种营养素，如多种活性酶类、多酚类、有机酸类、氨基酸和维生素等。酵素一词源于日本，即常说的“酶”，在日本可作为保健功能食品，在欧洲作为营养补充剂。有试验表明植物酵素能使肥胖小鼠减少体重和降血脂，但这是在给予较大剂量的前提下。

【品　名】酵素青梅
【产品类型】凉果类
【配　料】糖渍青梅（青梅，白砂糖，食用盐，山梨酸钾），低聚木糖，食用植物酵素（蓝莓，木瓜，葡萄，南瓜，菠萝，番茄，青梅，柳橙百香果，葡萄柚，火龙果，胡萝卜，乳酸菌（嗜热链球菌，植物乳杆菌））（≥1%），酵母抽提物
【产品标准代号】GB/T 10782

酵素青梅产品标签

本例中酵素青梅并非批准的保健食品，产品中的食用植物酵素含量只大于1%，不会改变青梅的“本质”和“身份”。每天吃一粒酵素青梅，想达到预期的保健和减肥功效更是不大可能，实际上这是商家的噱头，刻意宣传并强调酵素青梅的减肥功效。“一天一粒，一身轻”“甩脂”“天天排巨便”“排便刮油”等同类产品的宣传却充斥在网络。膳食纤维具有促进肠胃蠕动作用，促进排便，每天人体需要 25 ~ 30 g。青梅蜜饯中的膳食纤维含量大约为3%，一粒青梅蜜饯约 10 g，那么一粒青梅蜜饯中膳食纤维只有 0. 3 g，占全天总量的比例微不足道，除非产品中加了泻药才能促进排便。如加入的食用植物酵素中存在有益微生物，其可以调整人体肠道正常菌群，但不可能发挥“排便刮油”的作用。因此，酵素青梅的健康功效并没有远超普通梅子。

减肥的基本原理是每天能量的摄入少于每天能量消耗，减肥效果与食物摄入量、运动量、运动时间以及生活方式等一系列因素有关，我们应该通过控制饮食、坚持运动锻炼、改善不良的生活习惯等手段来科学减肥。

【延伸阅读】

酵素是以动物、植物、菌类等为原料，添加或不添加辅料，经微生物发酵制得的含有特定生物活性成分的产品。根据原料不同，可分为动物酵素、植物酵素、菌类酵素和混合酵素；根据产品应用领域不同，可分为食用酵素、环保酵素、日化酵素、饲用酵素和农用酵素；按工艺不同，可分为纯种发酵酵素、混种发酵酵素和复合发酵酵素；按产品形态不同，可分为液态酵素、固态酵素和半固态酵素。

在植物自然发酵中，酵母菌、乳酸菌和醋酸菌三种菌为常见微生物，三者共同作用可以形成发酵产品独特的风味，能调节人体肠道菌群。植物酵素含有蛋白酶、脂肪酶、淀粉酶以及超氧化物酶等多种活性的酶类，富含花青素、儿茶素类和黄酮醇等多酚类物质，同时还含有乳酸、琥珀酸、苹果酸等有机酸类以及氨基酸、维生素等多种营养成分。

活性酶类大多是蛋白质，经过胃肠道，在胃酸的作用下易变性，失去活性，消化后与所有营养成分一样变成小分子物质被肠道吸收。植物发酵过程中的多酚、黄酮类物质以及氨基丁酸等抗氧化成分增加。研究发现，黄酮、总酚含量与抗氧化性能呈正相关。有机酸成分导致酵素呈酸性，可以抑菌。我国对于酵素产品的研究起步较晚，对酵素的研究缺乏深度。已知的植物酵素主要功能是抑菌和抗氧化作用，但市场上对于酵素的功能过于夸大宣传，容易让消费者产生误解。

2018 年，我国工业和信息化部发布了轻工行业标准——《酵素产品分类导则（QB/T 5324—2018）》和《植物酵素（QB/T 5323—2018）》标准。对食用酵素作了如下规定（表 17）。

表 17　植物酵素项目和指标

项目	指标		
	液态	半固态	固态
pH	≤4.5	≤4.5	—
乙醇/（g/100g）	≤0.5	≤0.5	—
总酸（以乳酸计）/（g/100 g）	≥0.8	≥1.1	≥2.4
维生素（B_1、B_2、B_6、B_{12}合计）/（mg/kg）	≥1.1	≥1.2	≥2.3
游离氨基酸/（mg/100 g）	≥33	≥35	≥97
有机酸（以乳酸计）/（mg/kg）	≥660	≥900	≥6 400
乳酸/（mg/kg）	≥550	≥800	≥1 150
粗多糖/（g/100 g）	≥0.1	≥0.15	≥2.8
γ-氨基丁酸/（mg/kg）	≥0.03	≥0.039	≥0.06
多酚/（mg/g）	≥0.5	≥0.6	≥1.4
乳酸菌/［CFU/mL（液态），CFU/g（固态）］	$\geq 1\times10^5$	$\geq 1\times10^5$	$\geq 1\times10^5$
酵母菌/［CFU/mL（液态），CFU/g（固态）］	$\geq 1\times10^5$	$\geq 1\times10^5$	$\geq 1\times10^5$
SOD 酶活性/［U/mL（液态），U/kg（半固态），U/kg（固态）］	≥15	≥20	≥30

误区 60：自制药酒放心喝，多喝养生

【案例背景】

自制药酒

最近，别人送了一些中药给老刘，他就用酒泡了起来。一年后他许久未见的朋友老王来家探望。老刘很高兴，便从柜子里拿出了三大瓶自制的药酒，分别是草乌药酒、马钱子药酒和蜈蚣药酒。老刘说："药酒养生!"于是两人乐呵呵地边喝酒边叙旧，没过一会，老刘、老王不知不觉地纷纷昏倒。

【误区】

自制药酒无害，可以放心喝，多喝养生。

【专家解析】

药酒就是中药与酒的融合体。但药不是食品，必有副作用，酒的主要成分是乙醇，IARC 早已把乙醇定为 1 类致癌物，与乳腺癌、结直肠癌、肝癌、食管癌、胃癌等疾病的发生有一定的相关性。

本案例中，草乌中含有的乌头碱类，存在于川乌、草乌、附子等植物中，可引起口舌及四肢麻木，通过兴奋迷走神经引起心律失常、损害心肌等。此类药物为剧毒，成人口服纯乌头碱 0.2 mg 即可中毒，3 ~5 mg 即可致死。普通的炖、煮、浸泡等加工方法难以破坏其毒性，酒浸或用酒冲服此类药物可增强其毒性。马钱子毒性较大，超量或长期服用可导致身体健康受到影响，出现中毒情况，引发痉挛、呼吸困难、昏迷等风险。含有虫类（蝎子、蜈蚣、水蛭等）的中药材，都含有一定的毒素，要在正规医院

专业医生的指导下服用，不可自行配制药酒。

中药材要讲究配伍和是否适合食用者的身体状况，俗话说“是药就有三分毒”。药酒主体还是酒，多喝也是有害的，更不用说养生了。因此，自制药酒应注意以下几点。

①不提倡自泡、自制养生保健药酒，如确有需要的，应在医疗机构中医（药）师等的指导下，在正规药店购买中药进行浸泡。

②不使用断肠草、川乌、草乌、附子、蟾蜍等有毒动植物自泡、自制药酒。

③不喝无标签标识和成分不明的药酒，不邀他人饮用自泡、自制药酒。

④如出现头昏、恶心、胸闷、呕吐、腹痛、腹泻、烦躁不安、肢体麻木、全身乏力等疑似食物中毒症状，应立即采取催吐等措施，并尽快到医疗机构救治。

【延伸阅读】

酒的主要成分是乙醇（俗称酒精），是一种良好的半极性有机溶媒，中药的多种成分如生物碱、盐类、鞣质、挥发油、有机酸、树脂、糖类及部分色素（如叶绿素、叶黄素）等均较易溶解于乙醇中。乙醇不仅有良好的穿透性，易于进入药材组织细胞中，发挥溶解作用，促进置换、扩散，有利于提高浸出速度和浸出效果，还有防腐作用，可延缓许多药物的水解，增强药剂的稳定性。酒也是一种浸出制剂，干燥的植物药材或食物，其组织细胞萎缩，细胞液中的各种成分以结晶或无定形沉淀的方式存在于细胞中，为浸出其有效成分需要用酒液浸润药材并进入其细胞之中，继之发挥乙醇良好的解吸作用，溶解其可溶性成分，使之转入酒液中。酒液在细胞内溶解了很多物质后，使细胞内溶液浓度显著高于细胞外，形成浓度差。正是靠这种浓度差，使细胞内的高浓度浸出液不断向低浓度方向的细胞外扩散，同时稀溶液又不断进入药材细胞内，这样就使药物中的可溶性成分逐渐溶于酒中。

传统药酒有多种制作方法，家庭配制则以冷浸法最为简便。可将药材置于陶瓷罐或带塞盖的玻璃器皿中，加入适量的酒（一般用低度白酒或黄酒），根据药材吸水量的大小，按 1∶5 至 1∶10 的比例配制，密封浸泡，每天或隔天振荡 1 次，14 至 20 天后用纱布过滤。为了矫正口味，可加入适量的冰糖或白糖。药渣可再加酒浸泡 1 ~ 2 次。一般宜在饭前温服，每次按量饮用。如不善饮酒，可从少量开始，逐渐增量，亦可兑水后服用。我国传统中药中有许多补益药物具有抗早衰、延年益寿的功效。如枸杞子、何首乌、杜仲、当归、地黄、黄芪、人参等。

药酒再好，主要成分还是乙醇，不宜多喝。世界卫生组织发布的一份《2018 年乙醇与健康全球状况报告》中指出，2016 年有 300 多万人因有害使用乙醇而死亡，占世界死亡总数的 1/20，其中 3/4 以上为男性。

误区 61：生鲜奶比加工奶更安全、更营养

【案例背景】

某医院儿童呼吸与哮喘病区收治了一名“发热 4 天，皮疹 3 天”的 2 岁患儿。其之前曾在附近的医院按“上呼吸道感染”治疗，但效果不佳。后转院进行住院检查期间，患儿病情发展迅速，并出现惊厥情况，医生最终判断出患儿是因喝了现挤的羊奶得了布鲁氏菌病。不是生鲜奶比加工奶更安全、更营养吗？

【误区】

（1）生鲜奶比加工奶更安全。

（2）生鲜奶比加工奶更营养。

【专家解析】

生鲜奶是指从奶牛、奶羊等乳房挤出，未经杀菌、均质等工艺处理的奶，营养丰富，也是微生物生长、繁殖的良好培养基，极易受到动物体以及挤奶环境中微生物的污染。引起生鲜奶微生物污染的主要是环境中的大肠杆菌、金黄色葡萄球菌、假单胞菌、真菌等，以及源于动物体的布鲁氏杆菌、结核分枝杆菌等人畜共患致病菌。因此，若生鲜奶杀菌不充分，很容易造成人畜共患病的传播。显然生鲜奶不经任何杀菌会有很大的安全隐患，尤其是儿童、老人、孕妇和免疫力低下的人群，食用生鲜奶后被病原菌感染的风险更大。本案例中就是因食用生鲜奶而引发了布鲁氏菌病。因此，生鲜奶不安全。

在日本确有一种“特殊奶”，就是挤出以后直接供人饮用，但其要求非

常严格。在我国，生鲜奶基本由收奶站收购后统一由乳品厂加工成乳品再进入市场，一般不直接上市。如真有生鲜奶以散装形式出售的，消费者购买后须煮沸后饮用。而市售的盒装、袋装等预包装的纯奶、鲜奶，则是将生鲜奶经过冷却、检验、除杂、标准化、均质、杀菌（巴氏杀菌或超高温灭菌）等工艺制成的消毒奶。未经均质工艺处理的生鲜奶的乳脂肪球较大，煮沸后会发生聚集上浮，从而带来黏稠、风味浓郁的感官印象。不过，研究表明生鲜奶与巴氏杀菌奶的口感、营养素含量差别并不大。加工奶和生鲜奶相比，除维生素 B_1 和维生素 C 稍有损失外，营养价值差别不大。奶类制品是人类食谱中最主要的钙源之一，其消毒后钙含量不变。

【延伸阅读】

1886 年，苏格兰病理学家和微生物学家大卫·布鲁氏（David Bruce），在马耳他担任军医时，从死于“马耳他热”的士兵脾脏中首次确认并分离出了一种细菌。后来就将这种细菌命名为布鲁氏杆菌。该菌是一种革兰阴性的不运动细菌，可以在很多种家畜体内存活。布鲁氏杆菌属有六个种：马耳他布鲁氏杆菌（羊布鲁氏杆菌）、流产布鲁氏杆菌（牛布鲁氏杆菌）、猪布鲁氏杆菌、狗布鲁氏杆菌、林鼠布鲁氏杆菌、绵羊布鲁氏杆菌。其中引起人类疾病的有羊、牛、猪和狗布鲁氏杆菌。布鲁氏杆菌感染牛、羊等动物后潜伏在动物的淋巴组织、乳汁及其他分泌物中，如果人食用了被布鲁氏杆菌感染的肌肉组织或乳汁，或接触受感染动物的分泌物、受伤的皮肤、黏膜等，就可能感染布鲁氏杆菌。羊布鲁氏杆菌致病力最强。该病的临床症状与流行性感冒类似，主要表现为长期发热、多汗、关节痛及肝脾肿大等。疾病不会自行痊愈，可转变成慢性病。该病患者体检时还可看到某些部位淋巴结肿大（颈部、腋下等），肝、脾肿大等。

布鲁氏杆菌病多发于内蒙古、东北和西北地区的牧民、从事牧业和乳业一线工作员工、屠宰工作人员及从事相关研究的实验人员。对于大众特别是在城市生活的人而言，总体感染风险要低得多，但为了追求所谓的“原生态”而饮用未经灭菌的乳制品甚至生鲜奶，则是给布鲁氏杆菌铺设了一条“进城专用道”。

温和条件下，布鲁氏杆菌可在皮毛、水中和干燥的土壤中存活数周至数月。该细菌对高温、高湿和光照的耐受性不强，100 ℃的干热条件下，

7～9分钟即可将其杀灭，而80 ℃的湿热条件下的杀菌时间更是只需6分钟左右，在60 ℃下30分钟亦可被消灭。巴氏杀菌法和超高温灭菌法足以有效杀灭牛奶中所有的布鲁氏杆菌。只要是合格的牛奶或奶粉，都不可能再有布鲁氏杆菌的身影。另外，为控制生乳的微生物总量，我国及美国、欧盟等国家都制定了生鲜乳中微生物的限量标准。我国《食品安全国家标准 生乳（GB 19301—2010）》中规定，生乳菌落总数不得超过2×106 CFU/g（mL）。

误区 62：喝骆驼奶有助于治疗糖尿病

【案例背景】

商家宣传：骆驼奶被称为沙漠白金、奶中珍品，营养价值较高。骆驼奶中蛋白质含量高于牛奶，并且含有多种活性蛋白质，如溶菌酶、乳铁蛋白和免疫球蛋白等。还富含不饱和脂肪酸、铁、B 族维生素和维生素 C。此外，骆驼奶中含有一定的降糖功效因子，包括胰岛素、类胰岛素蛋白、乳铁蛋白等，喝骆驼奶有助于治疗糖尿病。

【误区】

（1）骆驼奶比牛奶好。

（2）骆驼奶有助于治疗糖尿病。

【专家解析】

生骆驼奶在三大营养素的含量方面略高于普通的牛奶，根据我国检测数据显示，生骆驼奶蛋白质含量是 4.02%（牛奶是 3.1% ~3.5%），脂肪含量为 5.07%（牛奶是 3% ~4%），乳糖（碳水化合物）含量为 5.33%（牛奶是 4.4% ~4.8%），钙、铁、磷等矿物质含量也略高于牛奶，但需要注意的是生骆驼奶不等于市售骆驼奶产品，部分市售的骆驼奶产品除脂肪略高于牛奶，其余营养素差别并不大，再考虑骆驼奶昂贵的价格，从补充蛋白质、钙等营养素的角度看，骆驼奶性价比并不优于牛奶。另外，评价一个食品的营养价值不光看营养素含量，还要看营养素间的比例，要与母乳中营养成分含量和比例进行比较才能判定，如乳蛋白、乳糖含量、氨基酸、钙磷比例等。目前性价比较高的食物还是牛奶和鸡蛋。

有研究发现，骆驼奶含有胰岛素，且被纳米颗粒包裹，可更好地被小肠吸收后运送至血液被利用。喝骆驼奶的确可以改善部分糖尿病相关指标，包括糖化血红蛋白、空腹血糖水平、胰岛素抵抗指数、血脂状态等，但它并不能替代药物对糖尿病进行治疗。此外，也有研究对牛奶与骆驼奶的作用进行比较，发现骆驼奶与牛奶在干预血糖水平、血压水平和血脂水平上均无显著性差异，因此花大价钱购买骆驼奶用以改善血糖的做法是否值得，有待商榷。

【延伸阅读】

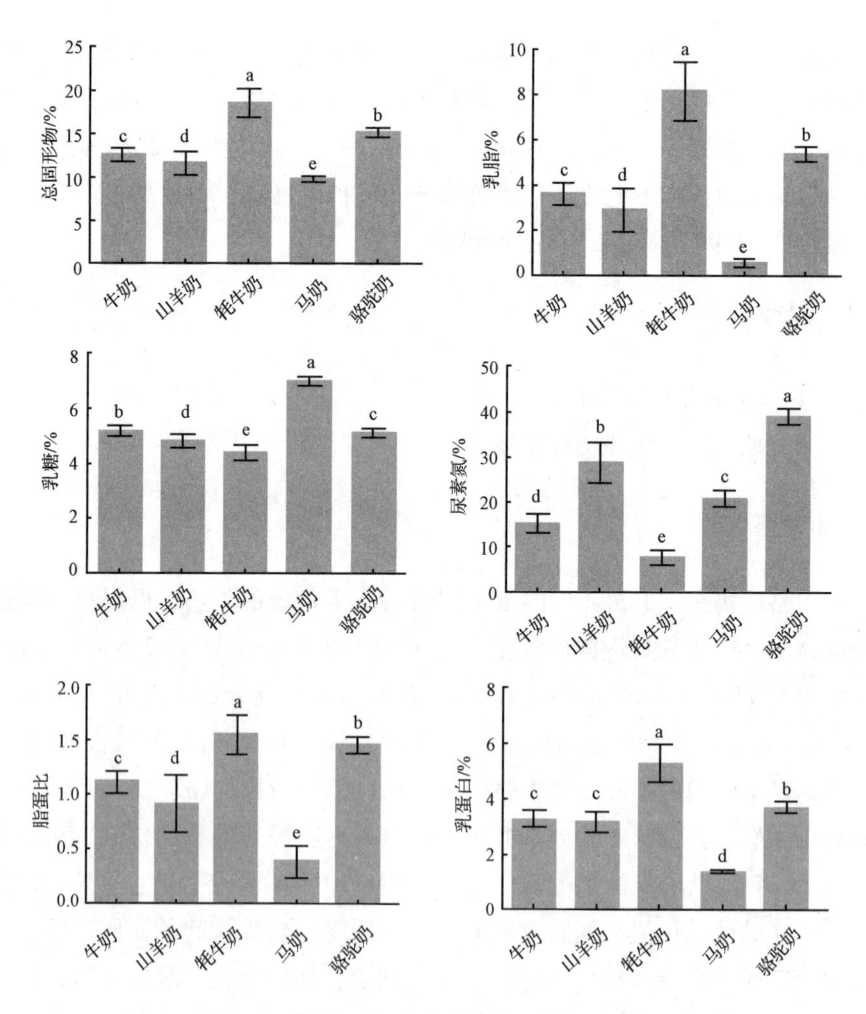

牛奶、山羊奶、牦牛奶、马奶和骆驼奶中营养成分含量的比较

有研究对牛奶和山羊奶、牦牛奶、马奶、骆驼奶四种特色奶的营养成分进行了分析比较，结果表明：四种特色奶之间总固形物、乳脂、乳蛋白、乳糖、尿素氮含量及脂蛋比均差异显著，其中总固形物以牦牛奶最高，马奶最低；乳糖含量马奶最高，牦牛奶最低；尿素氮含量骆驼奶最高，牦牛奶最低。以上结果显示，四种动物的奶品质呈现出一定的种属特异性，各有所长。

误区63：杀菌乳是不新鲜乳

【案例背景】

小王去超市选购牛奶，发现很多牛奶的外包装上写的是“杀菌乳”“灭菌乳”，小王有点疑惑，杀菌后的牛奶还新鲜吗？杀菌后营养成分不就流失了吗？

【误区】

（1）杀菌乳是不新鲜的。
（2）杀菌乳和灭菌乳一样。
（3）杀菌乳营养流失大。

【专家解读】

生鲜牛奶中藏有大量的细菌，有腐败菌和多种致病菌，包括大肠杆菌、金黄色葡萄球菌、布鲁氏杆菌等。牛奶营养丰富，是很好的细菌培养基，可为细菌提供生长所需的营养。非致病性细菌可导致牛奶腐败变质，致病菌会感染人引起发病或细菌性中毒，严重的还会导致死亡。因此牛奶加工的关键步骤就是杀菌，杀灭绝大部分细菌和对人体有害的致病菌，使牛奶成为安全的食品，并延长牛奶的保质期。因此，杀菌乳是延长了保质期的新鲜乳。

牛奶的杀菌一般采用巴氏杀菌法，亦称低温消毒法，由法国微生物学家巴斯德发明，是一种利用较低的温度既可杀死病菌又能保持物品中营养物质及风味不变的消毒法。具体处理方法是将混合原料加热至68～70 ℃，并保持此温度30分钟然后急速冷却到4～5 ℃，可杀灭其中的致病性细菌和绝大多数非致病性细菌。混合原料加热后突然冷却，急剧的热与冷变化也可以促使细菌的死亡。

巴氏杀菌法对牛奶的营养活性破坏较小，除少数特别热敏感的物质外，巴氏杀菌乳保留了生鲜乳的大部分原有成分，总的来说营养价值与新鲜生牛乳差别不大。

【延伸阅读】

乳制品加工历史悠久，加工技术不断发展，通过对生鲜乳进行杀菌、浓缩、干燥、凝固、分离、发酵等各种加工技术处理后可以形成品种繁多的乳制品。

① 液体乳类：杀菌奶、灭菌奶、酸奶、调制乳等。

② 乳粉类：全脂乳粉、脱脂乳粉、全脂加糖乳粉、调味乳粉、婴幼儿乳粉和其他配方乳粉。

③ 炼乳类：淡炼乳、甜炼乳等。

④ 乳脂肪类：稀奶油、奶油、无水奶油。

⑤ 干酪类：硬质干酪、半硬质干酪及软质干酪。

⑥ 乳冰激凌类：奶油冰激凌、酸奶冰激凌、果蔬冰激凌等。

⑦ 其他乳制品类：干酪素、乳糖、奶片、乳清粉。

误区64：复原乳是假牛奶

【案例背景】

小王在一种乳品的配料中看到“复原乳”，曾听人说，复原乳没营养，是一种“假牛奶”，而且可以说是牛奶中的“地沟油”。

【误区】

（1）复原乳是假牛奶。

（2）复原乳没有营养价值。

【专家解读】

复原乳又称“还原乳”或“还原奶”，是用奶粉或浓缩奶再添加适量水，制成与鲜乳中水、固体物比例大致相当的液体。通俗地讲，复原乳就是用奶粉或浓缩奶加水还原而成的牛奶。复原乳有两种加工方式，一种是在鲜牛奶中掺入比例不等的奶粉；另一种是以奶粉为原料兑水而成。目前在《食品安全国家标准 发酵乳（GB 19302—2010）》《食品安全国家标准 灭菌乳（GB 25190—2010）》和《食品安全国家标准 调制乳（GB 25191—2010）》等标准中，均以不同形式明确了复原乳可以用于或作为乳制品进行生产。它是国家允许生产的正规产品，且“复原乳”字样需要在产品包装上明确标明。

按照国家标准规定，巴氏杀菌乳不能用复原乳作原料。即在超市售卖的纯牛奶，不可用奶粉作原料；酸牛奶、灭菌奶及其他乳制品则可使用复原乳、奶粉作原料。

对于人们所担心的复原乳“没营养”这个问题，还需要从生产复原乳的步骤说起。复原乳在将牛奶变成奶粉阶段，需要高温杀菌，加水还原成奶液这个过程也是需要高温杀菌的。所以，人们难免会疑惑，反复的高温杀菌，会不会使得复原乳的营养与其他奶制品相比大打折扣。其实，复原乳相较于生鲜乳营养价值损失并不大，因为从人体营养需求的角度讲，奶制品主要提供钙和优质的蛋白质，钙是一种无机盐，经过加热仅可能对其溶解状态产生影响，并不会影响它的含量以及人体对钙的吸收率。加热确实会使复原乳损失一些维生素，但损失并不多。因为牛奶中所含的维生素本来就少，也没必要通过喝牛奶来补充维生素，因此不用过度担心此类损失。

【延伸阅读】

调制乳：以不低于 80% 的生鲜乳或复原乳为主要原料，添加其他原料或食品添加剂或营养强化剂，采用杀菌或灭菌工艺制成的液体乳制品。余下的 20% 可以加咖啡或水果或水等，由产品的配方和工艺决定。

含乳饮料：以乳或乳制品为原料，加入水及适量辅料经配制或发酵而成的饮料制品。含乳饮料其实是饮料的一种，不属于乳制品。例如，优酸乳、花生牛奶等。含乳饮料的配料中一般水排在第一位，白砂糖位于第二位，含量仅次于水。从配料表中可以看到含乳饮料与纯牛奶的蛋白质含量相差很大，营养价值不能与纯牛奶相提并论。含乳饮料替代纯牛奶会导致儿童营养不良，影响生长发育，还可能发生龋齿、挑食、偏食等问题。

误区 65：酸奶就是乳酸菌饮料

【案例背景】

李奶奶去超市选购酸奶，发现种类太多，有酸乳、老酸奶、酸酸乳、优酸乳、乳酸菌发酵乳、乳酸菌饮品、酸益乳等。琳琅满目，让人挑花眼，不知应选啥。

【误区】

（1）酸奶就是乳酸菌饮料。

（2）酸奶与乳酸菌饮料营养价值没什么差别。

【专家解析】

酸奶是以牛乳或复原乳为原料，进行巴氏杀菌后加入保加利亚乳杆菌和嗜热链球菌，保温发酵制成的凝乳状产品，蛋白质、脂肪、矿物质含量没有变化，不仅保存牛乳中原有的成分，而且发酵过程中将原来牛奶中的营养素大分子变成小分子，使人体更易消化吸收。牛奶中的酪蛋白遇到乳酸菌产生的酸，会结成微细颗粒的凝乳，同时可以提高人胃里的酸度、奶中钙的吸收率。乳糖的分解使患乳糖不耐症而不能喝牛奶的人能通过吃酸奶获得牛奶的营养。此外乳酸菌还给酸奶带来了生物活性物质，可在肠道内有效抑制有害菌的生长，通过调节肠道微生物平衡，达到增强人体免疫功能的目的。

乳酸菌饮料是指以乳或乳制品为原料，经乳酸菌发酵制得，并在生产过程中加入水、白砂糖、酸味剂、甜味剂、果汁等配料调制而成的饮料，成品中蛋白质的含量很低。

乳酸菌饮料根据是否经过杀菌处理，可分为活菌型和非活菌型。活菌型乳酸菌饮料是指具有活性乳酸菌的饮料，活性乳酸菌的数量不应少于 1×10^{6} 个/mL。当饮料进入人体后，乳酸菌便沿着消化道进入大肠，在人体的大肠处迅速繁殖，同时产酸，从而有效抑制腐败菌和致病菌的繁殖和成活。乳酸菌饮料要求在 2～10 ℃环境下储存和销售，保质期不长。非活菌型乳酸菌饮料是在产品出厂前进行了杀菌的产品，保质期相对较长。

因此，酸奶与乳酸菌饮料的区别很大。酸奶较于乳酸菌饮料，更具有营养价值，因为酸奶是由纯牛奶发酵而成，除保留了鲜牛奶的全部营养成分外，在发酵过程中乳酸菌还可产生人体所必需的多种维生素，如 B 族维生素等。因此酸奶是优于纯牛奶的食品。而乳酸菌饮料经过调配，各种营养素含量低，非活菌型的乳酸菌饮料营养价值相对较差。

【延伸阅读】

挑选优质的酸奶、发酵乳时应注意以下几点。

① 名称：××酸奶（乳）、风味酸乳、风味发酵乳。不管字的大小，不能有“饮品”“饮料”的字样。

② 配料表：排在第一位的是否是奶或乳。

③ 营养成分表：蛋白质的含量是否在 2.9% 以上。

④ 活菌声称：活菌数量。

⑤ 储存状态：是否在 10 ℃以下的冰柜中。并查看保质期，以免买到临期或过期酸奶，同时应注意酸奶特殊的保存条件，以免保存不当导致变质。

误区66：牛奶里要加入添加剂才有奶香味

【案例背景】

某县食品监管部门从某公司生产的两批次纯牛奶中检出丙二醇，检出值在0.264～0.363 g/kg。监管部门督促该公司立即停止纯牛奶生产，对不合格产品及时下架、封存、召回，并对其违法行为立案。有人认为丙二醇是食用香精的常见溶剂，牛奶正是由于添加了香精才具有奶香味，因此所有具有奶香味的牛奶都存在丙二醇检出的问题。

【误区】

牛奶里要加添加剂才有奶香味。

【专家解析】

牛奶的奶香味即牛奶的风味，来源于新鲜牛奶中所含的部分脂溶性和水溶性挥发成分。能引起牛奶产生奶香味的是天然存在于牛奶中的风味化学物质，主要包括游离脂肪酸、醇、酯、内酯、醛、酮、酚、醚、含硫化合物及萜类等多种有机化合物，并非靠人为添加。

案例中某公司纯牛奶中检出的丙二醇是食用香精中常见的溶剂，纯牛奶中检出丙二醇说明该公司在生产过程中超范围使用食用香精。食用香精在调制乳中虽很常见，但《食品安全国家标准 食品添加剂使用标准（GB 2760—2014)》中明确规定，巴氏杀菌乳、灭菌乳（均属于纯牛奶）中不允许添加包括食用香精在内的任何食品添加剂，因为牛奶是人类大宗食品，在牛奶中添加食品添加剂的行为属于滥用食品添加剂行为。

【延伸阅读】

（1）鲜奶中风味物质来源如下。

① 饲料所含的一些风味活性物质不经过任何改变直接通过血液进入牛乳。

② 饲料中一些风味活性物质在奶牛胃中发生一系列的生化反应，形成新的风味活性物质，被机体吸收后进入牛乳。

③ 一些风味化合物进入血液，在血液中发生一系列的生化反应，形成新的风味活性物质进入牛乳。

④ 一些风味化合物是由牛乳中的蛋白质、脂肪和碳水化合物降解而成，或者是由每一类物质的衍生物之间相互反应而生成。

（2）牛奶及奶制品风味受多种因素影响，主要有以下几个方面。

① 奶牛的自身因素。不同品种的奶牛，牛奶的成分和风味是不同的，即使是同一品种不同个体的奶牛，其牛奶的产量和风味也不尽相同；同一头奶牛不同的生理阶段也影响牛奶的品质和风味。

② 饲养管理及环境的优劣直接影响着牛奶的品质和风味。良好的饲养管理才能保证牛奶风味不受影响。另外，环境温度、湿度、通风、光照等也是影响牛奶品质和风味的重要因素。

③ 牛奶的风味还会随着饲料的种类、数量、质量以及成熟情况而发生变化。粗饲料的来源存在地域性差异，使得奶中风味物质具有地域性特征。

④ 牛奶的存储及运输因素。若存储或运输条件不当使得奶中微生物含量超标，将引起牛奶腐败变质，进而危害人体健康。

误区67：奶粉中可以加香兰素以增加香味

【案例背景】

国家市场监督管理总局抽样人员对某公司经营的单一批次0~6月龄1段的进口罐装婴儿配方奶粉进行了监督抽检。经检验，在上述批次产品中检出极微量香兰素，检出值为171.6 μg/kg，不符合国家标准要求，当地监管部门对该公司作出相应的行政处罚。

【误区】

各种奶粉中都可以加香兰素以增加香味。

【专家解析】

此次该公司被处罚事件涉及0~6月龄婴儿配方奶粉添加香兰素的问题，此操作不符合国家标准要求。对于0~6个月的婴儿来说，食用添加香兰素的奶粉后会产生依赖。时间越长、吃得越多，婴儿更易染上偏食、挑食、厌食等不良饮食习惯，使得摄入营养不均衡，因此我国国家标准中明确规定，0~6个月婴幼儿配方食品中不得添加任何食用香料。

【延伸阅读】

在食品加工过程中常需要使用专门用来增香的香味物质对风味加以保存和改善，香兰素就是众多香味物质中的一种，其天然存在于香荚兰豆、秘鲁香膏油和丁香花蕾油中，具有香荚兰豆香气及浓郁的奶香，被广泛用于巧克力、蛋糕等各种需要增加奶香气的调香食品中，起到增香和定香作用。由于香荚兰豆等天然香料资源有限，无法满足市场需求，1874年，德国科学家成功合成了香兰素和乙基香兰素。其中乙基香兰素的香气是香兰素的 3 ~4 倍，且留香持久，因此应用比香兰素更为广泛。

婴儿出生时味觉已经非常完善，可以感受各种食物的味道。新生儿对食物的味道并没有先入的印象，一般不会挑剔，天然的味道就是最好的。因此 0 ~6 个月的婴儿配方奶粉里没必要也不允许添加任何食用香料。而新生儿 6 个月后开始要添加辅食，在体验了各种食物的味道之后会有对比，逐渐产生偏好。此外，较大婴儿和幼儿配方奶粉中会加入多种营养素，它们往往有比较明显的特殊味道甚至是“腥味”，容易导致婴幼儿的抵触、抗拒而不愿意食用。所以现在大部分较大婴儿和幼儿配方奶粉中会加入香兰素或乙基香兰素给予适当调味，保障婴幼儿能顺利补充各种关键营养素。因此较大婴儿和幼儿配方奶粉中添加香兰素或乙基香兰素是允许的。其最大使用量为 5 mg/100 mL。婴幼儿谷类辅助食品中也可以使用，最大使用量为 7 mg/100 g。

误区 68：活菌型固体饮料就是益生菌类保健食品

【案例背景】

小林妈妈总是对小林说她的肠胃不是很好。现在益生菌比较流行，听说调理肠胃比较好，于是小林就去超市选购益生菌产品。含乳酸菌、益生菌的产品很多，小林不知怎么选。

【误区】

（1）活菌型固体饮料和益生菌类保健食品没区别。

（2）益生菌就是乳酸菌。

【专家解读】

近年来，益生菌有益于健康的理念已被消费者所接受，各类产品迅速进入千家万户的生活，其中又以活菌型产品最受青睐。与此同时，这也给消费者的认知带来了挑战。有的消费者就不知道“活菌型固体饮料”和“益生菌类保健食品”有何区别。其实它们的不同点主要是“活菌型固体饮料”属于普通食品，“益生菌类保健食品”属于特殊食品。

特殊食品是指“保健食品”“特殊医学用途配方食品”和“婴幼儿配方食品”三类食品，也就是说，它是具有特殊用途的。“活菌型固体饮料”和“益生菌类保健食品”的具体不同如下。

① 主要原料要求不同。“益生菌类保健食品”使用菌种（株）必须是国家卫生行政部门发布的可用于益生菌类保健食品的菌种（株），且具有充足的研究数据和科学共识支持其具有保健功能。“活菌型固体饮料”使

用的菌种（株）为国务院卫生行政部门批准公布的允许用于固体饮料的菌种（株）。

② 申请与获批过程不同。“益生菌类保健食品”必须做安全性评价和功能性试验等。按照保健食品注册申报流程申报和审评，获得批准文号方可正式投产销售。“活菌型固体饮料”按照普通食品要求，申请并获得生产许可证后即可投产销售。

③“功能声称”不同。“益生菌类保健食品”要经过严格的功能试验评价，具有明确、稳定的功效，可以声称其具有某种保健功能，而“活菌型固体饮料”作为普通食品则不需要进行功能试验评价，因此不允许声称功能，如果声称功能则是违法行为。

④“外包装标志及标签说明书”不同。“益生菌类保健食品”拥有“小蓝帽”标志，标识“适宜人群”和“不适宜人群”，标明“标志性成分”“摄入量”等。“活菌型固体饮料”应符合GB 7718—2011 和所用菌种相关规定中对不适宜人群的标示要求。因此“活菌型固体饮料”和“益生菌类保健食品”虽然都是含有活菌的食品，但一个是普通食品，一个是保健食品，它们执行不同的管理规范和要求，具有不同的作用和消费人群。

益生菌类保健食品标志

正常情况下人体可自行调整体内的菌群平衡。对于发育正常和健康的人来说，没有太大必要额外补充益生菌。健康人群只需要平时加强锻炼，合理膳食即可。

【延伸阅读】

特殊食品是指“保健食品”“特殊医学用途配方食品”和“婴幼儿配方食品”三类。

① 保健食品是指声称有特定保健功能或者以补充维生素、矿物质为目的的食品，即适宜于特定人群使用，具有调节机体功能，不以治疗疾病为目的，并且对人体不产生任何急性、亚急性或者慢性危害的食品。保健食品声称保健功能，应当具有科学依据，不得对人体产生危害。2016 年施行的《保健食品注册与备案管理办法》对保健食品实行注册与备案相结合的

分类管理制度。

② 特殊医学用途配方食品是指为了满足进食受限、消化吸收障碍、代谢紊乱或特定疾病状态人群对营养素或膳食的特殊需要，专门加工配制而成的配方食品，包括适用于1岁以上人群的特殊医学用途配方食品和适用于0~12月龄的特殊医学用途婴儿配方食品。特殊医学用途配方食品应当按《特殊医学用途配方食品注册管理办法》要求进行注册。注册时，应当提交产品配方、生产工艺、标签、说明书以及表明产品安全性、营养充足性和特殊医学用途临床效果的材料。另外，特殊医学用途配方食品广告也参照药品广告的有关管理规定予以处理。

③ 婴幼儿配方食品是以乳类及乳蛋白制品和（或）大豆及大豆蛋白制品为主要蛋白来源，加入适量的维生素、矿物质和（或）其他原料，仅用物理方法生产加工制成的，适用于婴幼儿食用，其能量和营养成分能满足正常婴幼儿的全部或部分营养需要的食品。婴幼儿配方乳粉的产品配方应当经国务院食品药品监督管理部门注册。婴幼儿配方食品生产企业应当将食品原料、食品添加剂、产品配方及标签等事项向省、自治区、直辖市人民政府食品药品监督管理部门备案。国家颁布了三个标准，即《食品安全国家标准 婴儿配方食品（GB 10765—2021）》《食品安全国家标准 较大婴儿配方食品（GB 10766—2021）》《食品安全国家标准 幼儿配方食品（GB 10767—2021）》。

误区 69：益生菌就是益生元

【案例背景】

一名医生接到一位妈妈的咨询，说自己的小孩子最近肠胃不好，有点腹泻，后来听说服用益生菌可以调节肠道菌群，保护胃肠功能，就买了益生菌给孩子吃，可是吃完后病情并未好转，反而加重了。就医后医生查看了这款益生菌产品的说明书，发现里面含有膳食纤维，还有益生元（低聚糖），没有菌株号，菌种也不知名。

【误区】

（1）益生菌有害健康。

（2）死的、活的益生菌都一样。

（3）乳酸菌 = 益生菌。

（4）益生菌 = 益生元。

（5）益生菌的作用都是一样的。

（6）活菌数越多，益生菌效果越好。

（7）菌株种类越多，效果越好。

（8）益生菌包治百病。

【专家解析】

益生菌是近年来国际上的研究热点，市场上各种益生菌产品也备受青睐。但益生菌到底是啥？是否有益健康？如何科学选择益生菌产品？上述案例中的母亲不了解益生菌，选了促进排便的益生菌产品，自然导致孩子病情加重。

益生菌是定植在人体内，改变宿主某一部位菌群组成的一类对宿主有益的活性微生物。通过调节宿主黏膜与系统免疫功能或通过调节肠道内菌群平衡，促进营养吸收，保持肠道健康。此定义有三个要素，即：活的微生物；摄入充足数量；对宿主产生健康益处。从定义看，有利于健康的微生物才称为益生菌。

虽然死菌的代谢产物和细胞成分可能有一定健康益处，比如多糖、短链脂肪酸等物质都是对健康有益的，但根据世界卫生组织的定义，益生菌应当是活菌，死菌不属于益生菌，购买产品时要注意，若标有“杀菌型”或“经灭活处理”等字样，或配料中有益生菌，但没有标示活菌数的，都不是益生菌产品。

乳酸菌一般是指能发酵糖并主要生成乳酸的细菌的总称，它并不是一个严格的微生物分类名称，并不是所有的乳酸菌都是益生菌，有一些乳酸菌甚至可能对人体有害，因此乳酸菌不等于益生菌，且只有健康功效经过科学验证过的、特定的乳酸菌菌株才可以称为益生菌，如乳杆菌、双歧杆菌。

益生元是可被肠道微生物选择性利用，并产生一定健康功能的一类物质，常见的有低聚果糖、菊粉、低聚半乳糖等。因此益生元不是益生菌。

虽然大多数科学家认为益生菌能够调节肠道菌群，促进营养物质在肠道内消化、吸收、代谢，有益于人体健康，但是也不是包治百病的，一些科研文章报道的益生菌的功能，还处于细胞和动物实验阶段，尚未经过高等级临床试验证明，有待进一步证据支撑。

所以，作为消费者，在遇到胃肠健康问题时不应该滥用益生菌，应该及时就医咨询医生，并在相应的指导下决定是否食用特定的益生菌。

【延伸阅读】

自 20 世纪 90 年代初以来，形形色色的“益生菌”类保健品风靡了整个世界。在国外已开发出数以百计的益生菌保健产品，其中包括含益生菌的酸牛奶、酸乳酪、酸豆奶以及含多种益生菌的口服液、片剂、胶囊、粉末剂、抑菌喷剂等。

迄今为止科学家已发现的益生菌大体上可分成三大类。

① 乳杆菌类，如嗜酸乳杆菌、干酪乳杆菌、詹氏乳杆菌、拉曼乳杆

菌等。

② 双歧杆菌类，如长双歧杆菌、短双歧杆菌、卵形双歧杆菌、嗜热双歧杆菌等。

③ 革兰阳性球菌，如粪链球菌、乳球菌、中介链球菌等。

对于食品中能使用哪些菌种，我国颁布了《可用于食品的菌种名单》《可用于婴幼儿食品的菌种名单》《可用于保健食品的真菌菌种名单》《可用于保健食品的益生菌菌种名单》，并不断加入新的菌种。例如，可用于保健食品的益生菌包括两歧双歧杆菌、婴儿双歧杆菌、长双歧杆菌、短双歧杆菌、青春双歧杆菌、德氏乳杆菌保加利亚种、嗜酸乳杆菌、干酪乳杆菌干酪亚种、嗜热链球菌、罗伊氏乳杆菌。

益生菌的“菌株特异性”是需要多关注的，不同的菌株有不同的作用；不同菌株发挥作用所需的菌量也不同；益生菌对不同宿主也存在个体差异；不同菌株之间可能产生协同增效作用，但并不是所有菌株组合都具有这种效果。因此，益生菌的作用不全是一样的，益生菌产品中含有的菌株数量及种类的多少与其效果并没有必然联系，多种菌株优化搭配方式还有待进一步深入研究。

另外，对于益生菌的关注，都集中在它的健康功效上，往往忽视了长期食用益生菌带来的安全风险。《食品益生菌评价指南》尤其提出了食用益生菌可能存在的危害，包括引起菌血症、产生有害的代谢活性产物、对敏感个体的免疫刺激作用等。其中，最主要的安全性问题是益生菌携带的耐药基因转移到人体，引起耐药性问题。比如，抗生素能杀死致病菌，而对含有抗生素抗性基因的益生菌无效。但是，如果这个抗性基因被致病菌“盗取”，产生耐药性，那将后患无穷。值得注意的是，我国的益生菌评审机构目前尚未对益生菌的耐药性问题作出明确的规定。

误区 70：茶要趁热喝，经常喝热茶对身体好

【案例背景】

李大爷喜爱泡茶喝，尤其是热茶，喝下去热乎乎的。他认为茶要趁热喝，经常喝热茶对身体好。这个习惯他保持了许久，但是最近李大爷却被确诊为食管癌。

【误区】

（1）经常喝热茶对身体好。

（2）冲泡茶叶都应用沸水。

（3）隔夜茶致癌。

【专家解析】

食管最外层的黏膜是一层由上皮细胞和结缔组织构成的膜状结构，非常娇嫩，只能耐受50～60 ℃的温度，超过这个温度，食管的黏膜就会被烫伤。进食过热的食物，尤其是温度超过60 ℃时，对食管黏膜损伤较大，食管黏膜长期受到过热食物的刺激，可造成食管黏膜局部炎性增生，导致鳞状上皮不良病变，长此以往可能会诱发食管癌。刚刚沏好的茶水，温度高达80～90 ℃，所以长期喝烫茶会增加罹患胃癌和食管癌的概率。因此，要等茶水温度下降到50 ℃以下再喝。

一般说来，泡茶水温与茶叶中有效物质在水中的溶解度呈正相关，水温愈高，溶解度愈大，茶汤就愈浓；反之，水温愈低，溶解度愈小，茶汤就愈淡。一般60 ℃温水的浸出量只相当于100 ℃沸水浸出量的45%～65%。但泡茶水温的掌握，主要看泡饮什么茶而定。

绿茶属于不发酵茶，如西湖龙井、黄山毛峰、碧螺春等，因茶叶比较细嫩，不适合用刚煮沸的水泡，以 80～85 ℃、冲泡时间 2～3 分钟为宜。如果冲泡温度过高或放置时间过久，多酚类物质就会被破坏，茶汤不但会变黄，其中的芳香物质也会挥发散失。

乌龙茶为半发酵茶，如铁观音、大红袍等，需要用 85～90 ℃的水，冲泡 2～5 分钟为宜。泡乌龙茶一般都是把煮水壶放在边上，水开了马上冲。第一泡要倒掉，可以用第一泡的水把所有杯子润一下，然后再倒入开水冲泡饮用。

红茶是全发酵茶，用温度高的水冲泡能够促进红茶内所含物质的有效溶出，不但让滋味和香气更浓，还能更好地发挥其保健功能。如金骏眉红茶，泡茶的水温在 95～100 ℃，时间以 3～5 分钟为宜。

白茶适宜在壶中煮着喝。因为白茶在加工过程中不揉不炒，茶叶细胞未充分破损，内含的有效成分不易溶出。所以白茶更适合煮着喝，这样可以使白茶释放出更多的有效物质。

黑茶如藏茶，是后发酵茶，且越陈越香。冲泡时也用 100 ℃的沸水。

隔夜茶致癌没有证据支持。隔夜茶里的亚硝酸盐含量非常低，不足以对人的健康造成影响。例如，红茶、绿茶、龙井茶，用 240 mL 水冲泡，里边的硝酸盐和亚硝酸盐的含量都不足 0.03 mg，远低于国家规定的亚硝酸盐在食品中的限量标准。通常泡茶时较高的水温会将一般的细菌杀死，茶叶中的茶多酚也有一定的抗菌作用。有研究表明，茶凉了以后，细菌可能滋生，尤其是空气中的细菌会进入茶里。但茶里的细菌生长非常缓慢，所造成的影响微乎其微。但随着放置时间的延长，茶里的茶多酚、维生素 C 等营养成分会有所减少，比如绿茶里的茶多酚、氨基酸、茶多糖等营养物质，会在 1 小时内慢慢地渗出来，如果时间过长，这些营养物质就会大量流失。有些发酵茶或者半发酵茶，放置时间可以长一点。因此，茶还是随泡随喝的好，不要搁置时间过长。

【延伸阅读】

茶是世界性的健康饮品。茶叶中含有生物碱、咖啡因、茶多酚等物质。咖啡因有兴奋大脑皮质的作用，因此茶叶具有提神醒脑的作用。茶多酚属于一种天然的抗氧化剂，可以降低血压、血脂以及胆固醇水平，改善循环，保护心血管。饮茶时大量的水从齿间流过，还可以起到清洁牙齿的作用，保持口腔健康。我国饮茶历史悠久，根据茶色（加工方法不同）将茶分为绿茶、红茶、青茶（乌龙茶）、白茶、黄茶、黑茶六大类。有的茶树因种植在路边会受汽车尾气的影响导致茶叶中铅污染较重，干燥加工后铅含量更高，我国安全标准规定茶叶中铅含量应≤5.0 mg/kg。

2011 年 9 月，有研究通过对 48 582 位居民的问卷调查分析，显示患食管癌风险与饮茶的数量无关，只与茶的温度有关。经分析发现，经常喝温度在 60 ℃及以上热饮的人患食管癌的比例比其他人高出 41%。而喜欢“非常热”的茶的人患病风险则是其他人的 2.5 倍。在 2 分钟内迅速喝完热茶的人，比那些小口慢饮的人患癌率高出 51%。即使排除了一些其他可能导致食管癌的因素，如吸烟、酗酒或吸食毒品，以及社会人口因素，因热饮而患食管癌的风险仍然很高。近期一项发表在《国际癌症杂志》上的研究发现，长期喝热水（60 ℃以上）的人患食管癌的风险是普通人的两倍。在世界最常见的癌症死亡原因中，食管鳞状细胞癌排名第六。国际卫生组织癌症研究机构更是将饮用超过 65 ℃的“非常热”的饮品归类为“可能致癌”的行为。

误区 71：发酵程度越高的茶，越容易产生黄曲霉毒素

【案例背景】

媒体传言“发酵茶发霉致癌”，因为发酵程度越高的茶，越容易产生黄曲霉毒素，“喝普洱茶是得癌症最快的方法”。消费者半信半疑。

【误区】

（1）发酵程度越高的茶，越容易产生黄曲霉毒素。

（2）普洱茶发霉会致癌。

【专家解析】

发酵茶以口感厚重、滋味甘醇的独特风味为人们喜爱，典型的发酵茶就是普洱茶。在普洱茶的发酵过程中微生物的菌相会发生变化，黑曲霉始终是生长优势菌，达到菌总量的 80%。研究发现黑曲霉作为优势菌会抑制黄曲霉的生长和产毒。

茶叶的发霉主要与茶叶中水分含量有关，茶叶中水分一般在 6.0% ~ 9.5%，超过 10% 易发生多种微生物的生长繁殖而霉变，进而导致营养成分减少和风味变化。例如，茶叶中长出白毛，闻之带有霉味，严重的会腐烂结块，上面长出绿毛。普洱茶还会有黑色的霉变。当仓储卫生条件差，湿度高，茶叶与其他货物混放，保管不妥当，茶叶放置的时间长就容易发霉，有可能被黄曲霉污染。夏季通常是茶叶霉变的高发期。因此发酵程度与黄曲霉毒素的产生没有关系。只要仓储条件好，控制好茶叶中的水分，茶叶一般不会发霉。

即使误饮了发霉的普洱茶，但泡茶的过程中没有闻到明显的霉味，且由于泡茶时茶叶使用量不多，加上黄曲霉毒素又难溶于水，因此茶汤内毒素含量不高，相比大米、玉米、花生等容易被黄曲霉污染的食物，人通过喝茶摄入的黄曲霉毒素的量很低。当发现普洱茶茶饼起白霜、有霉点、有异味，茶汤不太清亮且入口有霉味时不宜再饮用，也不要选购廉价普洱茶。

【延伸阅读】

260 份发酵茶的检验数据评估发酵茶黄曲霉毒素的致癌风险，结果是安全的，不具有致癌风险。具体过程如下。

① 根据消费量按统计学原理采集 260 份黑茶、红茶、乌龙茶，3 份普洱茶样品检验黄曲霉毒素，总体检出率为 1.15%（3/260），检出值范围为 0.26～0.56 μg/kg。

② 2012 年茶叶消费人群的每日平均消费量为 11.41 g。

③ 采用暴露限值法（MOE）进行风险评价，欧洲食品安全局判定依据如下：

MOE <10 000，可认为具有较高的公共卫生关注度，应当优先采取风险管理措施；

MOE >10 000，可认为该有害物质对人群健康造成危害的风险很低，具有较低的公共卫生关注度，看作是一个低优先级风险管理行为；

若以茶叶中黄曲霉毒素含量最大值计，MOE 值分别为 29 700（女性人群）、10 600（茶叶消费人群）。所有组别的 MOE 值 >10 000，按欧洲食品安全局推荐的 MOE 结果判定依据，认为风险较低。

④ 如采用数学模型法来估计通过茶叶摄入黄曲霉毒素引发肝癌的危害程度，各组人群由于茶叶黄曲霉毒素的膳食暴露引发肝癌的风险为 0.000 010 9～0.000 674 例/10 万人，远远小于我国目前 24.6 例/10 万人的肝癌发病率。

误区 72：喝纯净水不健康

【案例背景】

人类生存离不开水，但生活中有多种水，如：自来水、纯净水、天然饮用矿泉水、饮用天然泉水、饮用天然水、人工矿化水等。网上关于水的选择的各种传闻很多，如自来水含氯一定要过滤，长期喝水垢水、纯净水、矿泉水不利于健康等，大众不知道到底喝什么水好。

【误区】

（1）自来水不能直饮，必须过滤后喝。
（2）自来水含氯，对人体有危害。
（3）喝水垢较多的水易患结石。
（4）长期喝纯净水会导致身体缺钙和骨质疏松症。
（5）长期喝纯净水会让体液越来越酸。
（6）多喝矿泉水有利于身体健康。

【专家解析】

自来水是自来水厂采集湖水、江水、河水后，通过集中混凝、沉淀、过滤及含氯消毒剂消毒等常规水处理工艺，以及臭氧、活性炭等深度处理工艺，并按《生活饮用水卫生标准（GB 5749—2022）》检验合格后进入市政输配水管网，管网通过主干管道到分管管线进入千家万户，保证了水管内的正压，并保证在管线末梢水中含有一定消毒剂含量，防止输配水管网中微生物的污染。因此只要家庭水龙头流出的水与出厂水质保持一致，理论上讲应该可以直接饮用的。但是每户接入过程中由于供水管道破裂和部分高层楼房二次供水的蓄水池没有定期消毒，导致最后进入居民家里的水有可能被污染。特别是二次供水，为补偿市政供水管线压力缺乏，保障高楼层人群用水，将集中式供水经储存、加压和消毒或深度处理后再通过管道输送给用户，其水质容易被铁锈、泥沙及细菌污染。因此，保险起见，家里的自来水最好煮沸后饮用。

水一煮沸就喝对身体有危害是有一定道理的。因为自来水都经过氯化消毒，其中氯与水中残留的有机物结合，会产生卤代烃、氯仿等多种有毒化合物。人们一般使用水壶或电水壶来烧热水，当自来水煮沸以后，余氯的含量会随着时间的推移逐步降低。有研究人员先后对自来水、刚煮沸水和煮沸以后等 3 分钟的水样进行检验，结果氯含量分别为 0.5 mg/mL、0.1 mg/mL、0.01 mg/mL。因此，自来水沸腾以后稍后饮用，水中的氯不会对身体造成伤害。当然，在水快煮沸时把水壶盖子打开再煮两三分钟更好，可以让这些物质最大限度地挥发出去。

在长期烧水的水壶里经常布满厚厚一层水垢，这是钙、镁元素的化合物，是水中可溶性的钙、镁物质转化成不可溶性的物质。水垢多说明自来水中含钙离子、镁离子多，水的硬度大，和水质无太大关系。自来水处理过程中已经去除了部分钙离子、镁离子，软化了水。水垢实际是物理层面形成的沉积效应，即使喝到人体里，也不能吸收，而是随着食物残渣进入大肠，并排出体外，并不会形成“结石”。

水垢

纯净水是以符合生活饮用水卫生标准的水为生产用源水，采用蒸馏法、电渗析法、离子交换法、反渗透法或其他适当的水净化工艺，加工制成饮用水。现在越来越多的人会将纯净水作为主要的饮用水来源。但是纯净水加工过程中，在去除有害物质的同时将大多数钾、镁、钙、铁和锌等人体需要的矿物质元素给去掉了。有媒体说“常喝纯净水容易导致缺钙和骨质疏松”，其实并不正确。一方面，成人一天的饮水量通常不超过 2 L。2 L 自来水中的钙最多 100 mg，与人体的钙日需要量相比远远不够。这样的饮水量对人体内的钙离子浓度没有影响，导致人体钙流失的主要因素是年龄、激素水平和膳食摄入等。另一方面，软骨病的发病原因为维生素 D 摄入不足、体内钙含量过低、日光照射不足等，与饮用纯净水并无关联。一个成人每天需要补充 800 mg 的钙，主要依靠膳食提供，喝水的目的是补水，不是补钙。

人体体液正常的 pH 在 7.35～7.45，尽管机体在不断产生和摄取酸碱度不同的物质，但是体液的 pH 并不会发生明显变化，这是因为人体有强大的酸碱调节能力。纯净水属中性或弱酸性，经过人体胃液调和、肠道吸收，并不会改变脏器或其他组织的 pH。因此，对人体来说，喝纯净水并不会让体液越来越酸。

天然矿泉水是从地下深处自然涌出的或经钻井采集的，含有一定量的矿物质、微量元素或其他成分的水。但不同的矿泉水中含有的微量元素种类是不同的，长时间饮用一种矿泉水会导致某种矿物质摄入过多和微量元素不平衡。因此喝矿泉水最好选择不同的矿泉水换着喝。

市售的天然泉水并非天然矿泉水，是地下水的天然露头或经人工揭露的地下水，以含有一定量的矿物质或微量元素为特征，但含量低于矿泉水。天然山泉水则是来自山里的天然泉水。山泉水一般在远离人群、远离闹市的地方，更少污染，也含有一定量的矿物质和微量元素。目前“饮用天然泉水”尚无国家和地方标准。

天然泉水、山泉水和天然矿泉水都属于一种类型的水，它们都是无污染的或污染较少的地下水，都含有一定量的矿物质和微量元素，在通常情况下其化学成分动态稳定。唯一的区别只是天然泉水、山泉水的特征组分的含量尚未达到天然矿泉水的界限指标。例如，杭州虎跑泉是天然泉水，但还不是天然矿泉水。天然泉水、山泉水是仅次于天然矿泉水的优质饮用水。

天然水指水源为非公共供水系统的地表水或地下水，作为饮用水的水源，水质也需满足《生活饮用水卫生标准（GB 5749—2022）》。

人工矿泉水主要是在人为的控制下，把经常饮用的自来水经过矿化装置，变成含有一定种类和含量的微量元素，加入一定量的化学消毒剂和二氧化碳气体，尽量做到“类似”天然矿泉水，实际上这是一种矿化水。由于矿化装置本身的差异很大，矿化流程设计不同，矿石使用时间长短不一，水流快慢不同，都会影响矿化物质含量的稳定性。此外，如果选用的矿化材料不当或因采购某些化学消毒材料的关系，也有可能产生某些有害物质。

当矿化装置中的水长时间处于静止状态时，也容易引起细菌污染。

市场上饮用水的类别多种多样，各具优缺点，只要水质合格，能满足身体对水的需求，不管是什么水，都没太大区别。我们喝水的主要目的都是为了给机体补充水分，并非补充矿物质。

【延伸阅读】

我国对各种饮用水有明确的规定，即《生活饮用水卫生标准（GB 5749—2022）》《食品安全国家标准 包装饮用水（GB 19298—2014）》《食品安全国家标准 饮用天然矿泉水（GB 8537—2018）》。

《生活饮用水卫生标准（GB 5749—2022）》规定了生活饮用水水质要求、生活饮用水水源水质要求、集中式供水单位卫生要求、二次供水卫生要求、涉及饮用水卫生安全的产品卫生要求、水质检验方法。规定了生活饮用水水质指标 97 项及其限值，其中常规指标 43 项，扩展指标 54 项，水质参考指标 55 项。自来水等日常生活饮用水和食品生产用水都应符合该标准。

《食品安全国家标准 包装饮用水（GB 19298—2014）》规定了纯净水、人工矿化水、饮用天然泉水、饮用天然水和其他饮用水的安全要求，主要指标如下（表 18）。

表 18 包装饮用水项目、指标和检验方法表

项目	要求		检验方法
	饮用纯净水	其他饮用水	
色度/度	≤5	≤10	GB/T 5750—2023
浑浊度/NTU	≤1	≤1	
状态	无正常视力可见外来异物	允许有极少量的矿物质沉淀，无正常视力可见外来异物	
滋味、气味	无异味、无异臭		
余氯（游离氯）/（mg/L）	≤0.05		
四氯化碳/（mg/L）	≤0.002		
三氯甲烷/（mg/L）	≤0.02		
耗氧量（以 O_2 计）/（mg/L）	≤2.0		

续表

项目	要求	检验方法
溴酸盐/(mg/L)	≤0.01	GB/T 5750—2023
挥发性酚[a](以苯酚计)/(mg/L)	≤0.002	
氰化物(以 CN^- 计)[b]/(mg/L)	≤0.05	
阴离子合成洗涤剂[c]/(mg/L)	≤0.3	
总 α 放射性[c]/(Bq/L)	≤0.5	
总 β 放射性[c]/(Bq/L)	≤1	

a. 仅限于蒸馏法加工的饮用纯净水、其他饮用水。
b. 仅限于蒸馏法加工的饮用纯净水。
c. 仅限于以地表水或地下水为生产用源水加工的包装饮用水。

《食品安全国家标准 饮用天然矿泉水（GB 8537—2018）》规定了饮用天然矿泉水的原料和成品的要求。成品的要求包括感官、界限指标、限量指标、污染物指标和微生物指标（表 19）。

表 19 饮用天然矿泉水项目、指标和检验方法表

项目	要求	检验方法
锂/(mg/L)	≥0.20	GB 8538—2022
锶/(mg/L)	≥0.20(含量在 0.20～0.40 mg/L 时，水源水水温应在 25 ℃以上)	
锌/(mg/L)	≥0.2	
偏硅酸/(mg/L)	≥25.0(含量在 25.0～30.0 mg/L 时，水源水水温应在 25 ℃以上)	
硒/(mg/L)	≥0.01	
游离二氧化碳/(mg/L)	≥250	
溶解性总固体/(mg/L)	≥1 000	

误区 73：喝隔夜水、千滚水易致癌，每天喝 4 L 水会中毒

【案例背景】

民间有说法认为“喝隔夜水、千滚水致癌”，认为隔夜白开水和煮开过多次的水（俗称千滚水）中，均含有亚硝酸盐，此物为致癌物，不少长辈对此深信不疑。

网上有传言称，每天饮水量超 4 L 就可能中毒。甚至导致大脑功能受损，严重时还可能危及生命，不少人仍会隐隐担心。

【误区】

（1）喝隔夜水、千滚水致癌。

（2）每天喝 4 L 水会中毒。

【专家解析】

千滚水就是沸腾了很长时间的水，还有电热水器中反复煮沸的水。有人说：“这种水因煮得时间过久，水中不挥发性物质，如钙、镁等成分和亚硝酸盐含量很高。长时间饮用这种水，水中的有害物质会干扰人的胃肠功能，出现腹泻、腹胀；有毒的亚硝酸盐，还会造成机体缺氧，严重者会昏迷惊厥，甚至死亡。”实际上有检测结果显示，矿泉水水样在加热后，亚硝酸盐的含量有所下降。其中，加热两次的水样比加热一次的水样亚硝酸盐含量更低一些。实验人员表示，硝酸根离子是氧化态，而亚硝酸根离子是还原态。水煮沸时，水中亚硝酸根离子会转化成硝酸根离子，这也就是为什么水中亚硝酸盐的浓度随着水加热次数的增多，不但不会升高，还会降

低的原因。可见，千滚水中亚硝酸盐含量高的说法纯属谣言。

只要保证水的来源符合生活饮用水标准，理论上水再怎么烧也不会产生致癌物质。因此完全不用担心隔夜水、千滚水中含有过量的亚硝酸盐。

医学上确实有“水中毒”这一概念，当人体摄入水量大大超过了排出量，导致水分在体内滞留，进而引起血浆渗透压下降和循环血量增多，就可能引起水中毒，它又被称为稀释性低钠血症。根据病情急缓，该病还可分为急性水中毒和慢性水中毒。然而，水中毒在临床上其实很少发生，就算患者真出现水中毒的情况，多半不单是由于过量饮水，而是因为患者身体出现了其他问题或者接受了某些不恰当的治疗操作。比如，患者本身就有肾脏疾病，加之心脏功能不全，运动后又一次性饮水过量，或者医源性输液过多，这就可能导致水中毒，引起身体不适，出现恶心、呕吐的症状。实际上，健康人肾脏的适应能力很强，不会因为多喝了些水就“罢工”。只要不是短时间内猛喝，就不会对健康造成影响。

【延伸阅读】

亚硝酸盐是一类无机化合物的总称，主要指亚硝酸钠，为白色至淡黄色粉末或颗粒状，味微咸，易溶于水。外观及味道都与食盐相似，并在工业、建筑业中广为使用，食品添加剂亚硝酸盐作为发色剂限量应用于各种肉制品中，由亚硝酸盐引起食物中毒的概率较高。食入 0.3 ~ 0.5 g 的亚硝酸盐即可引起中毒，食入超 3 g 可导致死亡。为了避免误用，餐饮服务单位禁止采购、贮存、使用亚硝酸盐。1994 年，联合国粮农组织和世界卫生组织规定，硝酸盐和亚硝酸盐的每日允许摄入量分别为 5 mg/kg 体重和 0.2 mg/kg 体重。2017 年 10 月，世界卫生组织国际癌症研究机构公布的致癌物清单中，把摄入硝酸盐或亚硝酸盐列入 2A 类致癌物清单中。

人们担心的直接致癌物质——亚硝胺是强致癌物，并能通过胎盘和乳汁引发下一代发生肿瘤疾病。人类某些癌症，如胃癌、食管癌、肝癌、结肠癌和膀胱癌等可能与亚硝胺有关。亚硝酸盐是亚硝胺类化合物的前体物质，在自然界中，亚硝酸盐极易与胺化合生成亚硝胺。但在人们日常膳食中，绝大部分亚硝酸盐可以随尿排出体外，只是在特定条件下才转化成亚硝胺。所谓特定条件，包括酸碱度、微生物和温度等。所以，通常条件下膳食中的亚硝酸盐不会对人体健康造成危害。只有长期食用亚硝酸盐含量高的食品或直接摄入含有亚硝胺的食品，才有可能诱发癌症。亚硝酸盐须在含有硝酸盐的物质中才会产生，而普通的饮用水中硝酸盐和含氮物质含量极低，亚硝酸盐也忽略不计，更不用说亚硝胺致癌物了。

正常成年人的体液量约占体重的60%，主要从两个途径获取：其一是从饮食中摄取，主要由胃肠道吸收，大约每日700～2 000 mL；其二是人体在代谢过程中产生，每日约300 mL。这些水大部分会形成尿液经人体泌尿系统排出，也有少量以水蒸气或汗液的形式经肺部或皮肤排出。

为保持人体水平衡，就要科学饮水。首先，饮水须适量。《中国居民营养膳食指南（2022版）》推荐，成年男士每天饮水1 700 mL，成年女士每天饮水1 500 mL。一般是6杯到8杯。大家可以根据自己的情况适当调整。如果当天运动比较多、出汗多，就可以多饮；北方空气干燥，也可以适当多喝点水；若是进入炎热的夏季，还需根据劳动强度和出汗程度适当增加饮水量。其次，饮水应少量多次。不要等到口渴再喝水，应该有意识地主动饮水。最后，推荐喝白开水或茶水，少喝或不喝含糖饮料，不用饮料代替水。

误区 74：果葡糖浆是甜味剂，可代替砂糖

【案例背景】

小明妈妈身材肥胖，看网上有“可以用果葡糖浆代替砂糖，达到减肥的作用”的宣传，于是想用果葡糖浆代替砂糖减肥。

【误区】

（1）果葡糖浆可以代替砂糖。

（2）多吃果葡糖浆对身体没有危害。

【专家解析】

（1）果葡糖浆。

果葡糖浆也称高果糖浆或异构糖浆，由玉米淀粉水解制得，是一种由葡萄糖和果糖组成的混合糖浆。白砂糖由蔗糖加工而成，主要原料为甘蔗及甜菜。果葡糖浆在 20 世纪 60 年代便开始作为甜味剂进入人们的生活，随着蔗糖价格的上升以及果葡糖浆制作成本的下降，果葡糖浆逐渐取代蔗糖成为食品工业甜味剂的优先选择。与蔗糖相比，果葡糖浆在价格、甜度及香味等指标上存在优势，现在已被食品制造业广泛使用。据统计，欧美国家在 20 世纪 80 年代果葡糖浆的使用量已经超过蔗糖，被普遍用于饮料与食品中。但果葡糖浆与甜蜜素等非营养性甜味剂不一样，其仍然是糖，会升高血糖，糖尿病患者不能作为代糖使用。有血糖异常、肥胖或超重倾向的消费者，在购买食品或饮料时要自行查看食品标签，谨慎选用含果葡糖浆成分的食品或饮品。

（2）过量摄入果葡糖浆会增加身体的代谢负荷，导致疾病。

进入人体的葡萄糖会被身体的各个器官或细胞使用，为身体提供能量。

多余的葡萄糖以糖原的形式，储存在肝脏或者肌肉中。但果糖的代谢过程与葡萄糖完全不一样。果糖在进入我们的身体后，大部分会进入肝脏，并转化成脂肪。持续吃掉大量含有果葡糖浆的食物后，肝脏周边的脂肪越堆越多，渐渐就形成了非酒精性脂肪肝。

由于果葡糖浆的主要成分为果糖和葡萄糖，都属于单糖类，比蔗糖（二糖）更容易被人体吸收利用，从而引起血糖升高。2009 年，美国加州大学戴维斯分校的研究发现，同等热量的果糖比同等热量的白砂糖更容易引发胰岛素抵抗。除了诱发非酒精性脂肪肝和胰岛素抵抗外，长期食用果葡糖浆还会引起痛风。传统上我们认为导致痛风的主要原因是吃了高嘌呤的食物。但最新的研究显示，海鲜等食物中的嘌呤对身体影响很小，真正导致痛风的元凶，其实是身体内部合成的嘌呤。果葡糖浆中超量的果糖在肝脏代谢的过程中会产生大量嘌呤类产物，引发尿酸升高。摄入过量果糖，还会阻止尿酸排出体外，长期作用下可能导致痛风。

【延伸阅读】

无糖食品是指不添加营养性甜味剂，即不含蔗糖（甘蔗糖和甜菜糖）和淀粉糖（葡萄糖、麦芽糖和果糖）的食品，而是添加了食糖替代品——非营养性甜味剂。根据我国国家标准《食品安全国家标准 预包装特殊膳食用食品标签（GB/T 13432—2013)》的规定，无糖食品要求固体或液体食品中每 100 g 或 100 mL 的含糖量不高于 0. 5 g。食品中的糖是不可能完全去除的，因此，无糖食品中的“无糖”只意味着其中的含糖量不超过规定的标准。

通常情况下，无糖产品中会含有糖醇、低聚糖、高倍甜味剂等非营养性甜味剂，它们有甜味的口感，但不会影响血糖，可减少食用者对热量的摄入。非营养性甜味剂是一种能赋予食品或饮品甜味的食品添加剂，按甜度可分为低甜度甜味剂和高甜度甜味剂；按来源可分为天然甜味剂和合成甜味剂。食品中所使用的甜味剂主要有以下 3 类：糖醇、功能性低聚糖、高倍甜味剂。这些甜味剂几乎不会影响血糖，也不会导致糖尿病，为高血糖人群及糖尿病患者提供了更丰富的食物选择，糖尿病患者适当摄入非营养性甜味剂食品或饮料都是安全的。而且在很少的剂量下甜味就很强，所以添加量很低。按标准使用这类甜味剂从安全角度讲是没问题的，用它们来代替精制糖，对减少肥胖和龋齿也有帮助，可以作为戒掉高糖饮食的一个过渡品。在膳食总量不变的前提下，以甜味剂替代添加糖虽然可以减少能量摄入，但体重管理取决于总能量平衡，甜味剂不是减肥药，不应夸大它的作用。

常用的甜味剂如下。

① 三氯蔗糖：甜度是蔗糖的 600 倍，是唯一以蔗糖为原料的功能性甜味剂，相比其他甜味剂，风味更像蔗糖，经常被用于酱菜、罐头、蜜饯、糖果、腌制食品和烘焙食品。

② 安赛蜜：甜度是蔗糖的 200 倍，属人工合成甜味剂，常与其他甜味剂混合使用，产生更好的甜味感受，经常被用于罐头、蜜饯、糖果、烘焙食品和饮料类。

③ 阿斯巴甜：甜度是蔗糖的 150～200 倍，从两种常见氨基酸（天冬氨酸和苯丙氨酸）生产而来，这两种氨基酸天然存在于食物中，包括水果、蔬菜、肉类和蛋类。被誉为“研究最彻底的几种食品添加剂之一”，其安全性是有保障的。需要注意的是，患有罕见遗传病——苯丙酮尿症的患者不能代谢苯丙氨酸，因此添加了阿斯巴甜的食品和饮料的标签上会提示消费者该产品含苯丙氨酸。

④ 甜蜜素：甜度是蔗糖的 30～50 倍，属人工合成甜味剂，是目前应用的甜度最低的高倍甜味剂，常与其他甜味剂搭配使用。它的特点是不会掩盖水果的味道，所以很适合用于果汁饮料。经常被用于罐头、腐乳类、烘焙食品、饮料类。

⑤ 甜菊糖苷：甜度是蔗糖的 200 倍，从甜叶菊中提取。味道比较接近糖的天然甜味物质，常用于餐桌代糖，但添加量大时会有一定的苦味。经常被用于蜜饯、糖果、糕点、膨化食品、饮料类。

⑥ 赤藓糖醇：甜度是蔗糖的 0.6～0.8 倍，由淀粉发酵而来，是唯一不提供能量的糖醇，但短时间内大量食用可能引发渗透性腹泻，出现不耐受，此并非食品安全问题。溶解于水时具有吸热效果，食用时会有清凉感。常见于各类食品中。

⑦ 木糖醇：甜度约等于蔗糖的 1 倍，从玉米芯水解液中提取。常用于口香糖，但短时间内大量食用可能引发渗透性腹泻，属于不耐受，此并非食品安全问题，大约要一次性吃掉 100 粒的木糖醇类口香糖才可能发生腹泻。

误区75：国产食盐里的亚铁氰化钾有毒

【案例背景】

小明在食盐标签上看到亚铁氰化钾，网上又讲亚铁氰化钾在高温的时候会转化为剧毒物质氰化钾，危害人们的健康，食盐还能安心地吃吗？

【误区】

（1）含有亚铁氰化钾的食盐有毒，不能吃。

（2）食盐中的亚铁氰化钾在烹饪时会转化为剧毒物质氰化钾。

【专家解析】

在食盐中添加少量的亚铁氰化钾是符合食品安全法的，不会对人体健康造成损害，大家可以放心食用。亚铁氰化钾和氰化钾是完全不同的两种物质，亚铁氰化钾化学式是 $K_4[Fe(CN)_6]$，而氰化钾的化学式是 KCN，两者只是名字相似，毒性相差很大，前者低毒，后者剧毒。亚铁氰化钾的稳定性很高，在常规烹饪条件下不会分解产生氰化钾。食盐中的亚铁氰化钾在温度达到400 ℃时才会转化为剧毒的氰化钾，但是在我们日常烹饪过程中，即使是高温油炸、爆炒，温度也达不到200 ℃，所以不用担心在烹饪加热过程中亚铁氰化钾会分解产生氰化钾。且亚铁氰化钾中由于亚铁离子的紧密结合，其在动物体内根本不会分解产生有毒物质，可以放心食用。

【延伸阅读】

亚铁氰化钾是我国食盐中允许添加的一种抗结剂，在常规烹饪条件下不会产生氰化钾。按照标准规定在食盐中合理使用亚铁氰化钾，不会对人体健康造成危害。目前我国制盐行业在食盐中添加抗结剂亚铁氰化钾，是严格按照《食品安全国家标准 食品添加剂使用标准（GB 2760—2014》执行的，严格控制在 10 mg/kg 以内。在动物试验中，口服亚铁氰化钾剂量达到25 mg/kg 体重时，动物还没有出现不良反应。日常人们每天食用的盐为 6～10 g，按照最大值 10 g 来算，一天也只会摄入 0.1 mg 的亚铁氰化钾。因此，国产食盐安全是有保障的。

误区 76：甲状腺结节多与吃加碘盐有关

【案例背景】

张女士，45 岁，常住海边，最近单位组织体检，B 超发现甲状腺有结节。她上网查询后怀疑结节是由所食用的加碘盐引起。

【误区】

（1）甲状腺结节多是加碘盐引起。

（2）中国人已经不需要再食用碘盐，我国食盐不应普遍加碘。

（3）居住在海边的人不应吃加碘盐。

（4）经常吃海产品就不需要吃加碘盐。

（5）碘酸钾有较强的氧化作用，对人体有害。

【专家解析】

甲状腺结节是临床常见疾病，患病率为 30% 左右，采用高分辨率超声，其检出率最高可达 67%，在女性和老年人群中多见。虽然甲状腺结节的患病率很高，但仅有约 5% 的甲状腺结节为恶性，其余的良性结节并不会对身体造成较大影响。目前，甲状腺结节的病因尚未完全明确，可能与遗传因素、促甲状腺激素分泌过多、服用致甲状腺肿药物和自身抗体有关。其中，碘缺乏或者过量，均可能导致甲状腺结节。目前，并无明确的科学证据表明食盐加碘会引发甲状腺结节、甲状腺癌等甲状腺疾病。

我国是碘缺乏最严重的国家之一，而食盐加碘是国际公认的防治碘缺乏病的主要措施。我国自 1995 年实行全民食盐加碘策略以来，在预防和控制碘缺乏病（地方性甲状腺肿、地方性克汀病）方面取得了十分显著的成绩，我国碘缺乏病得到有效控制。碘缺乏高危地区人群的碘营养状况总体处于“适宜”水平，但仍有部分地区的人群存在较大的碘缺乏风险。

由于我国多数地区都存在程度不同的碘缺乏，而且加碘食盐是这类地区碘的重要膳食来源，考虑到我国食盐加碘在碘缺乏病控制方面取得的突出成绩，应该认为食盐加碘的健康益处远大于食盐加碘带来的可能健康风险。然而，需要注意的是，我国也存在呈局灶性分布的高水碘地区，且与低水碘地区交织并存，即高水碘地区就算在一个区域内往往也是零星分布的。在低水碘地区，碘缺乏的健康风险大于碘过量的健康风险，尤其是如果食用不加碘食盐，发生碘缺乏的风险很高。为此，继续实施食盐加碘策略对于降低居民的碘缺乏风险十分必要。而在高水碘地区，居民碘营养状况总体处于适宜和安全水平，如果食用加碘食盐，则发生碘过量的风险较高。因此，在高水碘地区，应该停供加碘食盐。

沿海地区居民的碘营养状况总体处于适宜和安全水平，食盐加碘并未造成我国沿海地区居民的碘摄入过量。相反，沿海城市和农村由于碘盐覆盖率较低而碘营养状况低于同省内陆农村地区。部分沿海地区孕妇的碘营养不足，提示发生碘缺乏的风险较高，需要给予特别关注。

【延伸阅读】

碘是人体的必需微量元素之一，我国居民体内的碘 80% 来自食物，20% 来自饮用的水。人体内的碘 90% 通过肾脏排泄。碘在体内主要参与甲状腺激素的合成。甲状腺激素具有增强新陈代谢，促进生长发育（尤其是脑发育）的作用。碘缺乏和碘过量均可对健康造成损害。当人体碘缺乏时，可因甲状腺功能紊乱而导致碘缺乏病。例如，在儿童时期缺碘可导致呆小症。但是，碘过量也会抑制甲状腺素的合成和分泌，扰乱甲状腺的正常功能，导致高碘性甲状腺肿，也可诱发甲状腺功能减退和自身免疫性甲状腺炎。如果摄入过多的话也有可能会导致甲状腺素合成过多而出现碘甲亢，所以，要确保碘的摄入水平在正常的范围以内，高了或者低了都不好。

采用加碘盐进行全民补碘的政策是各国普遍策略，加碘盐可采用碘化钾或碘酸钾添加到食盐中的方法。我国选用碘酸钾配制成水溶液喷在食用盐上，与碘化钾相比碘酸钾不易被氧化，碘的流失少。使用加碘盐时要防止碘丢失，烹饪时不宜过早放入加碘盐，宜在食物快熟时放入。避免用加碘盐爆炒、长时间炖或煮，以免碘受热失效而失去补碘的作用。

除了居住在局灶性分布的高水碘地区居民外，对于我国大多数居民（包括沿海地区居民）来说，都需要长期食用加碘盐。普通健康人，尤其是有儿童、孕妇和哺乳期妇女的家庭，更应该食用加碘盐，预防碘缺乏症。对于0～36月龄的婴幼儿，国家规定在奶粉中必须加碘。

正常人没有甲状腺结节，一旦发现了甲状腺结节，要结合抽血、B超等检查看是否合并甲状腺功能的异常。对于甲状腺功能亢进、甲状腺炎、自身免疫性甲状腺疾病等患者中的少数人，因治疗需要可遵医嘱选择无碘盐。

误区 77：味精是工业合成品，食用后对人体有害

【案例背景】

1968 年，《新英格兰医学杂志》刊登了一封读者来信，描述去中餐馆吃饭后出现四肢发麻、心悸、浑身无力、头疼等症状，猜测可能是中餐食物中添加了味精所致。后来“中国餐馆综合征”被收录在当时美国最畅销的韦氏词典中，它是指一系列由味精“引起”的综合征。虽然后来发现是乌龙事件，词典也做了相应的修改，但是近年来媒体报道味精有害健康的事件增多，因此很多人对味精的使用是非常谨慎的，担心其安全性。

【误区】

（1）味精是化学合成的工业产品。

（2）食用味精对人体有害，会致癌、脱发，甚至会变笨。

（3）烹调中每个菜都不应加味精。

【专家解析】

味精的主要成分是谷氨酸钠，是一种重要的调味品。由于是工业生产，不少人将味精、鸡精与人工合成的化学品、有害品等同起来，由此产生强烈的抵触和排斥。事实上味精是以大米或淀粉为原料，经过谷氨酸菌的发酵、提纯和结晶而制成的谷氨酸钠。纯度高达 99% 的谷氨酸钠就是我们俗称的味精。味精生产的工艺和酿酒、制醋类似，并没有额外添加任何化工原料，也没有添加任何不适合人类食用的添加剂。从成分上看，味精并不含有让我们谈之色变的化学元素，从某种角度来讲，味精也是“天然”产

物。味精的外表，正是由于其纯度高决定的。就像盐、糖、小苏打一样，纯度越高，外表看起来越“化学”。无论是调味品中的谷氨酸钠还是食物中的谷氨酸钠，进入人体后的代谢途径基本一致，即水解为谷氨酸和钠。味精极易溶于水，没有过敏反应，在正常的烹饪条件和使用条件下是安全的，对人体无害。

味精中的谷氨酸钠加热到 120 ℃以上时，可能产生焦谷氨酸钠。这也就是传说中味精致癌的“罪魁祸首”。焦谷氨酸钠在人体中原本就有，并不致癌，只是失去了鲜味。这也就是为什么在菜肴出锅之前才能放味精的原因。而所谓的“味精致癌论”更多的是危言耸听。

对于有些个体食用味精后出现不良的反应，一是取决于食用量，正常食用味精并不能产生毒害作用，但正常体重的人每次食用 500 g 的味精必将会产生不良的反应；二是可能由于对味精较敏感和不适应，即味精不耐症。比如，有些亚洲人会对牛奶中的乳糖不适应，而产生腹泻、呕吐等症状，但牛奶是安全的食品。同样，可能有个别的人对味精中的主要成分谷氨酸钠有很强的敏感度和不适应感，但并不能说明味精不安全；三是由于外界媒体错误报道的误导，致使消费者心理上对味精产生不良印象，一旦日常生活中遇到味精二字，便敬而远之。对味精安全性的误解，主要是由于消费者的心理问题，而不是味精本身。

大部分中国人比较喜欢味道重的食物，做饭过程中往往会加入盐、味精、酱油等调味料。与食盐一样，味精中的主要成分谷氨酸钠中含有钠元素，而过量摄入钠则会导致高血压等心脑血管疾病。我国居民膳食指南提倡每人每日食盐量应少于 5 g，但是实际摄入量普遍达到 10 g 左右，如果再加上味精中的钠，就会更多。所以，味精食用要少量，婴儿食物中不宜使用味精。在进行烹饪时，还要考虑到食材的不同口味，从而确定味精的使用与否及使用量。比如对于高汤、有酸味的菜品、含碱类的食物、含糖类的食物等都不适合使用味精，这些食材使用味精不仅不能提高食材的口感，而且还会影响菜品的味道，影响食材自身的鲜美。而对于其他口味的食材，在烹饪的过程中则可以使用味精进行调味，增加食材的鲜味，提高食材的口感。

【延伸阅读】

谷氨酸钠成品为无色或白色柱状结晶性粉末，易溶于水，微溶于乙醇，对光、热较稳定。其具有很强的肉类鲜味，稀释 3 000 倍仍能尝到其鲜味。与食盐并用可增强其鲜味作用，以 1 g 食盐加入 0. 1 ~0. 15 g 谷氨酸钠呈味效果最佳；与肌苷酸和鸟苷酸配合使用，可使鲜味提高 4 ~6 倍。强力味精即为与上述物质混合配制而成，适用于家庭、饮食业及食品加工业，一般用量为 0. 1% ~0. 5% 。味精只有在其钠盐形式下才能产生增味作用，因此只有 pH 在 5. 0 ~8. 0 之间才可增强食品风味，酸碱性较大的菜品不宜加入味精调味。从口感的角度来看，添加味精时也要注意温度，70 ~90 ℃ 为宜。炒菜一般在菜肴出锅前加入，而凉拌菜要早放促其溶解。

谷氨酸钠属于低毒物质，不作特殊规定。最初，世界卫生组织认为味精作为食品添加剂是极为安全的。但味精使用在西方一度引起风波，使味精使用量锐减。世界卫生组织的调查指出，所谓的“中国餐馆综合征”是基于坊间传闻的证据，不是科学事实。1973 年，联合国粮农组织和世界卫生组织食品添加剂专家联合会一致确定，味精是一种可靠的食品添加剂，除了 1 周岁以内婴儿，其他年龄组儿童都可食用。美国食品和药品监督管理局在动物试验的基础上得出了“现在的使用量、使用方法下，长期食用味精对人体无害”的结论。1999 年，我国完成了味精的长期毒理试验，这是我国首次独立完成地对国内味精的试验。试验得出与国际上一致的结论，联合国食品法规委员会把谷氨酸钠归入推荐的食品添加剂的 A(Ⅰ)类（安全型类）。我国也将其列入“可在各类食品中按生产需要适量使用的食品添加剂名单”中。

误区78：勾兑的醋和酱油不健康

【案例背景】

近期，某品牌酱油食品添加剂事件引发关注，在网友、行业协会等多方阵容的拉扯中，舆论不断升级，讨论热度居高不下，一场关于酱油中食品添加剂的风波来袭。一位以“科技与狠活”和“海克斯科技”走红的博主发布了一个视频，其在视频中展示了用多种食品添加剂自制酱油的过程。随后，某品牌酱油被网友质疑是“海克斯科技食品”。视频发布后不久，有网友发现某品牌酱油配料表中含有视频中提到的添加剂。接着，又有网友爆料称，某品牌酱油在国外的产品配料表上只有水、大豆、小麦、食盐等天然原料，没有食品添加剂，而在国内售卖的产品有多种食品添加剂成分，被质疑国内外“双标”。那么勾兑的酱油真的不健康吗？

【误区】

（1）勾兑的醋和酱油不健康。

（2）勾兑的醋和酱油只有中国有。

【专家解析】

许多人看到“勾兑”“配制”，往往不假思索地想到“有害”。其实，这仅仅是一种“凡是传统的就是好的”的潜意识。就“勾兑醋”来说，“醋精”中的醋酸与“酿制醋”中的醋酸没有任何区别。它们的安全性取决于其他成分，而合格的食品级醋精，安全性与酿制醋并没有不同。许多人担心的防腐剂也不存在安全问题。首先，防腐剂不仅仅在勾兑醋中使用，醋酸含量低的酿制醋同样需要防腐剂才能实现较长的存放。其次，酱油和醋中最常用的防腐剂苯甲酸钠，其安全性相当高。即使使用量达到国家标准的最高限，一个成年人每天摄入几十克，也只能达到“安全摄入上限”的 10% 左右。

新闻中还“曝出”了配制酱油的七种原料：砂糖、精盐、味精、酵母抽取物、水解植物蛋白质、肌苷酸及鸟苷酸。实际上，这些原料都在食物中广泛使用和存在。糖、盐、味精自不必说，酿制酱油中同样含有。酵母是酿酒、发面用的微生物，从中提取出“精华”具有浓郁的鲜味，被用在各种复合调味料中。肌苷酸和鸟苷酸是牛肉、鸡肉、蘑菇等食品鲜香的来源，与味精协同作用能产生“一加一大于二”的增鲜效果。而植物蛋白水解物，本来就是酱油的核心成分，只是酿制酱油用微生物发酵来水解，而配制酱油所用的水解植物蛋白是通过化学方法来实现。

植物蛋白水解物本身并没有安全性的问题。实际上各种蛋白质吃到肚子里，也是首先经历水解过程。可能的问题是水解过程中会不会出现有害副产物。如果水解是通过盐酸加高温的工艺，盐酸可能与原料中的脂肪反应，生成三氯丙醇，以及二氯异丙醇。这两种物质在大剂量下对人体有致癌的风险。不过，既然它们只是副产物，就可以减少生成，或者想办法去除。经过工艺改进，现在生产的合格植物蛋白水解物中这两种副产物的含量已经很低。此外，任何物质的危害都和剂量有关。世界卫生组织设定的三氯丙醇安全标准是每天不超过 2 μg/kg 体重。中国和美国的酱油中，允许的含量都是不超过 1 mg/kg 体重。也就是说，即使酱油中的三氯丙醇达到最高限，一个 60 kg 的成年人也要摄入 120 g 酱油才能达到“安全上限”。考虑到酱油是人体摄入三氯丙醇的最主要来源，以及正常人每天的食用量，合格生产的配制酱油并不会带来危害。

“勾兑醋”和“配制酱油”都不是“黑心厂家”的发明，二者都是国际上广泛存在的产品。二者不采用传统的酿制工艺，生产成本低。即使在风味上与传统酿制产品有一定差别，也还是可以满足多数人的“调味需求”。所以，不仅在中国，在国外同样大量存在“勾兑醋”和“配制酱油”。

【延伸阅读】

（1）酿造和勾兑工艺的区别。

根据工艺的不同，酱油和醋都有酿造和配制之分。配制常被俗称为“勾兑”，酿造型酱油和醋是粮食或大豆与微生物的杰作。而配制型的要以酿造酱油或醋为主，含量不少于50%，再加入酸水解植物蛋白调味液或食用冰醋酸等，调配出与酿造型类似的色、香、味。

（2）饲料豆粕和酿造豆粕的区别。

酱油配料表中的原料，有的是大豆，有的却是脱脂大豆。所谓脱脂大豆，就是大豆榨油之后的副产物，更普遍的名字叫作豆粕。有的人可能会联想到喂猪、喂鸡用的豆粕，说加工酱油用的豆粕和猪饲料是一个东西。其实这么说是不准确的，虽然它们同样来自榨油厂，但二者执行的标准不一样。

给猪吃的豆粕，其执行标准是《饲料原料 豆粕（GB/T 19541—2017）》，更关注的是豆粕中蛋白质的含量，对杂质、外观等要求不高。而酱油加工用的豆粕，执行的标准是《食用大豆粕（GB/T 13382—2008）》和《食品安全国家标准 食品加工用粕类（GB 14932—2016）》，对健康方面的要求比猪饲料豆粕要严格一些。比如压榨大豆油的工艺，可粗略分成溶剂浸出工艺和压榨工艺。溶剂浸出工艺产出的豆粕，会残留一些有毒的溶剂。而人吃的豆粕就对这项“溶剂残留量”进行了限定，要求每1 000 g豆粕，溶剂残留量要≤0.5 g。并且，还增加了含砂量、有毒物质方面的要求。

酱油工厂之所以用豆粕作为原料，很重要的一点原因就是豆粕价格更便宜。并且，大豆中的油脂含量高达10%～18%，这些油脂在酱油发酵过程中，对酱油鲜味物质（氨基酸态氮）的生成是没有帮助的。后期还要增加工艺把这些油脂分离出来，增加了成本。所以，无论中国还是日本，使用脱脂大豆制作酱油是一种主流做法。

误区 79：金箔可食用

【案例背景】

现实生活中，无论是中国人还是外国人，无论是古人还是现代人，都以金为贵。只要和金搭上边，那就是高端大气上档次。近年来，随着人民生活水平的不断提高，老百姓在吃的方面也越来越追求新奇。一些商家利用老百姓的好奇心理，纷纷推出了金箔食品。比如，金箔蛋糕、金箔巧克力、金箔冰激凌、金箔酒，甚至金箔牛肉。

【误区】

食用金箔有益健康。

【专家解析】

金银并非人体必需元素。金是非常稳定的元素，我们吃下去的金箔都会随代谢排出体外，没有任何营养价值，起不到保健作用，对人体健康无任何益处。因此，“食金延年益寿”纯属无稽之谈。所谓可食用金箔，都是不法商家的销售噱头，助长的是享乐奢靡和拜金主义之风，是欺骗消费者的“智商税”。广大消费者应科学理性消费，勿被商家宣传误导。

【延伸阅读】

根据我国食品安全法律法规及食品安全标准规定，金箔、金粉类物质不是食品原料和食品添加剂，不能用于食品生产经营。生产经营含金箔、金粉的食品，涉嫌违反《中华人民共和国食品安全法》的相关规定，除没收违法所得和违法生产经营的食品外，可处最低 10 万元的罚款，涉嫌构成犯罪的，还要移送公安机关查处。

2022 年 6 月 23 日，国家市场监管总局、农业农村部、国家卫生健康委、海关总署四部门，根据《中华人民共和国食品安全法》《中华人民共和国广告法》《中华人民共和国农产品质量安全法》等法律法规，又联合制定了《查处生产经营含金银箔粉食品违法行为规定》（2022 年第 20 号）（以下简称《规定》），以此严查社会上屡禁不止的"食金之风"。《规定》所称的含金银箔粉食品，是指食品生产经营者在生产加工制作的食品中添加金银箔粉用于销售的食品。《规定》明确指出："金银箔粉未列入《食品安全国家标准 食品添加剂使用标准》，不属于食品添加剂，不是食品原料，不能用于食品生产经营。""违反本规定生产经营含金银箔粉食品和宣传金银箔粉可食用的，应当依法予以查处。"

误区 80：罐头食品有害健康

【案例背景】

4 岁的小雨喜欢吃水果罐头，奶奶因贪便宜一次买了不少水果罐头，让小雨慢慢吃。小雨几乎每天都要吃罐头，吃不完就放冰箱，第二天继续吃，连糖水也都一起喝完。最近，小雨胃口不好，常常腹痛、头痛、面色苍白，还有点迷迷糊糊的，医院诊断为铅中毒。

【误区】

（1）吃食品罐头有害健康。

（2）食品罐头不新鲜，营养差。

【专家解析】

案例中小雨铅中毒是由于马口铁罐使用了含铅量较高的焊锡，即低锡高铅的焊料进行罐头焊接密封，同时水果又带酸性，罐头加热杀菌后很容易使焊锡中的铅溶出到水果和糖水中。小孩子年纪小，身体无法正常代谢铅，就会在体内堆积起来，导致铅中毒。轻则出现胃肠道反应，重则会危害中枢神经，使孩子智力下降。传统老式制作的皮蛋和老式爆米花机做的爆米花同样含有铅。不过这种现象已经很少了，因为现在工艺明显改善，很少会出现水果罐头导致铅中毒的事件了。但水果罐头为了增加口感都添加了大量的糖，这对儿童生长发育也是不利的，水果应该吃新鲜的。

罐头食品的优势是可以长久保存，长途运输。过去远洋出海带上蔬菜、水果罐头就不怕因维生素的缺乏，导致船员易患坏血病。也正因为如此，某些经过加工的罐头食品，营养价值甚至超过新鲜食物。比如钙质，经过长时间高温加热，鱼类中的钙质会进一步释放出来，有利于补充钙。并且因为罐装后高温灭菌，也不用太担心微生物污染和防腐剂问题。除非罐头变形、破裂、胖听等，吃罐头食品基本是安全的，对健康无害。

当然，罐头食品虽然食用方便、特殊时期也便于储存，但消费者还是要注意摄入频率和摄入量。水果蔬菜类罐头食品在加工过程中会造成水溶性维生素的流失。很多水果罐头中含糖量比较高，多吃很容易使血糖升高。所以，在日常生活中，不宜多吃罐头，条件允许时首选一些新鲜的蔬菜水果、新鲜制作的肉类。

【延伸阅读】

我国罐头食品据《食品安全国家标准 罐头食品（GB 7098—2015》进行管理，罐头食品有金属包装、玻璃瓶包装、软包装等包装形式，且种类丰富，在选购罐头食品时要从外观、包装、感官品质、标签、品牌等方面来判断罐头食品的质量优劣。

根据上述国家标准，罐头食品应密封完好、无漏泄、无胖听。容器外表无锈蚀，内壁涂料无脱离。消费者选购罐头食品时，主要可从外观进行判断：正常的金属罐外形应完整、不变形、不破损、无锈点，底盖向内凹；玻璃瓶罐头的金属盖中心应为略向下凹陷，透过瓶身观看其内容物应形态完整，汤汁清晰，无杂质。有异常的罐头食品则不宜购买。

误区 81：拔丝蛋糕可能是塑料做的

【案例背景】

近日，刘女士致电新闻热线反映称，她在某烘焙店购买了 500 g 拔丝蛋糕，吃起来与传统糕点口味相异。令她更加惊异的是，当她用水浸泡这些蛋糕后，里面竟然出现了类似于塑料材质的物质，且无法被水溶解。刘女士便对拔丝蛋糕的原材料产生了疑虑。

【误区】

拔丝蛋糕中的“拔丝”是塑料。

【专家解析】

拔丝蛋糕，又名拔丝糕、黄金拔丝蛋糕，是一种特色小吃甜点，由糖、鸡蛋、面粉、玉米淀粉和肉松等原料制作而成。拔丝蛋糕含有碳水化合物、蛋白质、脂肪、维生素及钙、钾、磷、钠、镁、硒等矿物质，甜咸适中，食用方便，是人们常食用的糕点之一。拔丝蛋糕与普通蛋糕不同点以及之所以可以拔丝，就是添加了肉松。因为肉松的最大特点就是保留了丝状的肉纤维，和面粉、鸡蛋混在一起烤出来后，掰开就会出现丝状物。

消费者可以第一时间对蛋糕进行自我品鉴和辨别，不难区分其真伪。拔丝蛋糕原料肉松的主要成分是蛋白质，吃到嘴里，轻轻一咬就会融化，非常松软。正常的肉松也是一扯就断的。如果拔丝蛋糕中违规添加了塑料或者棉花之类的异物，即使表面看上去很松软，放入嘴里也是很难嚼烂的，而且也不太容易被扯断。另外，还可以做燃烧实验进行判断。肉松主要成分为蛋白质，灼烧之后会产生一些低分子量有机物，挥发出类似烧焦羽毛的气味；而塑料燃烧时一般会因产生烟雾或有毒气体等，而闻到一股难闻的刺鼻气味。

【延伸阅读】

（1）肉松的营养价值。

不少人把肉松归为垃圾食品，认为不是新鲜的肉，没什么营养。事实上，肉松不但味美可口，加工后甚至比未加工过的普通瘦肉营养成分还要全面。肉松的加工过程中，不仅浓缩了营养素，也浓缩了许多矿物质。如猪肉松中的铁含量比新鲜猪瘦肉多出两倍，因此是不错的补铁食品。不过需要注意的是，由于猪瘦肉本身就含有一定量的钠，而肉松加工过程中又添加了大量的酱油等调味料，会带来相当剂量的钠，而钠摄入量与血压呈正相关。此外，肉松加工过程中还额外加入了糖，所以肉松热量远高于新鲜瘦肉。因此，消费者食用肉松时要有所控制，注意摄入频率和摄入量。

（2）传统蛋糕的感官评价。

蛋糕成品内外应无杂质，无污染，无病菌。消费者自己也可从以下几方面对蛋糕成品的质量进行感官检验。

色泽：蛋糕表面应呈金黄色，内部为乳黄色（特种风味除外），色泽要均匀一致，无斑点。

外形：蛋糕形态要规范，厚薄都一致，无塌陷和隆起，不歪斜。

内部组织：蛋糕组织细密，蜂窝均匀，无大气孔，无生粉、糖粒等疙瘩，无生心，富有弹性，蓬松柔软。

口感：蛋糕入口绵软甜香，松软可口，有纯正蛋香味（特殊风味除外），无异味。

（3）拔丝蛋糕拔不出丝又干又硬的原因。

拔丝蛋糕比较硬的原因有两个：一是蛋白打发不充分，应该保证蛋白打发至硬性发泡；二是添加油脂含量较少，可以适当增加奶油、蛋糕油等原料。

拔丝蛋糕比较干的原因也有两个：一是可能因为温度过高，导致外面熟了里面却没熟，可以降低温度延长时间；二是因为面糊状态不对，打发蛋清时要打发到位，面粉要翻拌均匀。

误区 82：常吃隔夜菜没问题

【案例背景】

某地一独居老人，胃肠道功能紊乱，为了省事，经常做一餐饭菜吃几天，吃隔夜菜成了习惯。一日，老人吃了冰箱中放了三天的剩菜后，瘫软在地，出现脸色苍白、全身冒冷汗等症状。送往医院救治，确诊为食物中毒。

【误区】

（1）放进冰箱的隔夜菜，只要不变质都可以直接食用。

（2）吃隔夜菜即使发生食物中毒，不过是胃肠道不舒服，不会危及生命。

【专家解析】

隔夜菜如果存储得当，并在较短时间内食用，一般不会对健康造成危害。但这并不意味着，把隔夜菜放冰箱冷藏后就万事大吉，拿出后就可以放心食用。引起隔夜菜不能安全食用的主要原因有两个：一是亚硝酸盐含量的增加，二是致病菌污染并繁殖后导致食物中毒。

亚硝酸盐是隔夜菜存在的健康风险之一。食物经高温烹调加热后更利于细菌的生长，如果在室温下再长期放置的话，细菌中的硝酸还原酶会导致食物中亚硝酸盐含量增高。植物性食品中本身就含有硝酸盐和亚硝酸盐，绿叶蔬菜中的硝酸盐含量更高，而且其含量会随着储存时间的延长而升高。如果将菜在冰箱冷藏，绿叶蔬菜中的硝酸盐一般在 3～5 天后会达到峰值。所以，对于绿叶蔬菜，消费者还是应该养成“按需购买，即烹即食，吃多少做多少”的好习惯。肉类本身的亚硝酸盐含量很低，隔夜的肉类菜肴保存得当，由亚硝酸盐导致健康危害风险小。

致病菌污染并繁殖后导致食物中毒是隔夜菜存在的另一健康风险。鱼、肉和豆制品等富含蛋白质的食物，非常适合细菌在其中生长，包括很多有害菌，放入冰箱也只是起到抑制其生长的作用。存放久了，如果细菌增殖引起食物腐败变质，感官上能辨别，一般不会食用。但有些致病菌，如沙门氏菌、李斯特菌污染并繁殖后食物并不会腐败变质，就容易引发食物中毒。

食物中毒不光只是拉肚子、胃肠道不舒服，如大肠杆菌 O157 中毒后可引起以溶血性贫血、血小板减少及急性肾功能衰竭为特征的溶血尿毒综合征（HUS）；单增李斯特菌中毒后会引起孕妇流产和脑膜炎，甚至死亡；亚硝酸盐中毒可导致人死亡。

虽然说剩饭剩菜保存适当还是可以偶尔食用的，但剩饭剩菜终究不如新鲜饭菜好。而且隔夜饭菜后不仅存在安全风险，营养素保留率也会因储存时间延长、多次加热烹调而下降。因此，要遵循“按需购买，适量制作，减少剩余、避免浪费”的原则。

【延伸阅读】

（1）如何避免剩菜剩饭和合理保存？

① 尽量减少蔬菜尤其是绿叶蔬菜的保存时间，现吃现买。

② 用不完的菜提前洗净用保鲜膜包好，可以减少携带的细菌。

③ 肉类、海产品等在放入冷冻层前，最好先切成小块分装，吃多少取多少，避免反复冻融，加速腐败变质或造成营养素的破坏和丢失。

④ 对于做好的饭菜，如果提前意识到吃不完，可以在没有吃之前先分装冷藏，减少细菌的污染。

⑤ 当天剩余的菜肴如要超过 24 小时才食用，荤菜应冷冻保存；剩米饭、馒头没吃完，可以尽快密封后在冰箱中冷藏，最多可存放 2 ~ 3 天。

⑥ 冰箱中取出的熟食在吃前需要重新彻底加热。

（2）亚硝酸盐及其健康危害。

亚硝酸盐主要指亚硝酸钠。亚硝酸钠为白色至淡黄色粉末或颗粒状，味微咸，易溶于水。硝酸盐和亚硝酸盐广泛存在于人类环境中，是自然界中最普遍的含氮化合物。人体内硝酸盐在微生物的作用下可还原为亚硝酸盐。亚硝酸盐具有很强的毒性，摄入 0.3 ~ 0.5 g 就可以中毒，1 ~ 3 g 可致人死亡。急性亚硝酸盐中毒发病急速，潜伏期一般为 1 ~ 3 小时，短者 10 分钟。患者主要症状为口唇、指甲以及全身皮肤出现紫绀等组织缺氧表现，也称为“肠源性紫绀”。同时，可出现头晕乏力、恶心呕吐、腹痛腹泻、口唇发绀等，须立即就诊治疗。

当胃肠道功能紊乱、贫血、患肠道寄生虫病及胃酸浓度降低时，胃肠道中的硝酸盐还原菌大量繁殖，如同时大量食用硝酸盐含量较高的蔬菜，即可使肠道内亚硝酸盐形成速度过快或数量过高以致机体不能及时将亚硝酸盐分解为氨类物质，从而使亚硝酸盐大量吸收入血导致中毒。亚硝酸盐摄入过量会氧化血红蛋白中的 Fe^{2+} 成为 Fe^{3+}，从而使血红蛋白失去携氧能力，造成机体组织缺氧，严重者呼吸循环衰竭而死亡。

亚硝酸盐引起食物中毒时有发生，大多是误食导致。

误区 83：剩菜剩饭一定要放凉再放进冰箱

【案例背景】

很多家庭都会在饭后将吃不完的剩菜放凉以后再放进冰箱，否则会缩短冰箱的寿命。

【误区】

（1）剩菜应放凉再放进冰箱冷藏。

（2）热菜放进冰箱里，冰箱容易坏。

【专家解析】

饭菜做好以后，温度就会从 100 ℃左右开始逐渐下降。当下降到 60 ℃以下时，食物接触到空气中的细菌，细菌就开始在食物中繁殖；当下降到 30～40 ℃时，细菌就会进入活跃状态，数量快速增长；当下降到 7 ℃时，大多数细菌增殖明显变慢，进入休眠状态。趁热把饭菜放进冰箱，可以在细菌大量繁殖之前，尽快把温度降到 7 ℃以下，降低细菌繁殖速度。世界卫生组织建议，食物在室温下暴露存放的时间最好不要超 2 小时。所以从食品安全角度看，热食物应尽快冷却，通过冰箱的快速降温，阻止细菌繁殖和致病菌产毒，预防饭菜变质。如果等剩菜放凉了再放冰箱冷藏，很有可能让食物暴露在“危险温度带”，从而加速腐败变质的发生。

很多人觉得，热菜放进冰箱里，冰箱的“负担”很大，特别耗电，就容易坏，这是从冰箱使用角度来讲的。当把热的东西放进冰箱里时，一些热量被带进冰箱，冰箱需要工作来把温度降下来，这需要耗电，也增加了冰箱的负担。另外，高温食物带入的热气会引起水蒸气在直冷式冰箱蒸发器上凝结成霜，不利于冷热交换，导致压缩机不断工作，更加耗电。但是随着科技的进步，现在的冰箱有不少是风冷式无霜型，加上半导体、电子化技术的应用，制冷效率更高。虽然热菜放进冰箱会使冰箱多耗一点电，但可减少食物变质的风险。

【延伸阅读】

生活环境中细菌无处不在，无时不有，一般情况下，食物中的细菌数量与食物存放的温度、时间有关。食物的温度在 30 ℃至 40 ℃之间时，细菌生长最旺盛，有的致病菌数量每 10 分钟可以增加一倍，在高于 60 ℃、低于 4 ℃时，细菌基本停止生长。将煮熟的饭菜放置在室温环境中，随着温度的下降，细菌也在慢慢滋生，一旦被金黄色葡萄球菌或沙门氏菌等致病菌污染，会对人体健康造成伤害，导致腹痛、腹胀、恶心、呕吐、头晕等食物中毒反应，此时食物可能还没腐败变质，感官上还无法察觉，大多数食物中毒事件都是这样发生的。自从有了保持稳定温度的冰箱，食物保存时间大大延长，给我们日常生活带来了方便。所以食品安全规章要求一般饭菜在室温条件下摆放不超过 2 小时，如超过 2 小时食用的，食物应当尽早放进冰箱低温储存。剩饭剩菜也应在放入冰箱冷藏前用保鲜膜或者保鲜盒包装，不要把盘子直接塞入冰箱，避免交叉污染和串味，也可防止食物过度失水。冰箱不宜装得太满，食物与冰箱壁之间应留有空隙，以利于冷气流动。冰箱内部应该维持在 4 ℃左右。

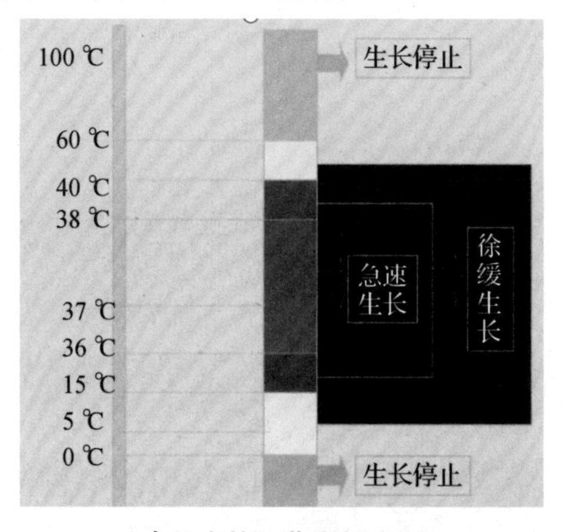

食物中的细菌生长速度

使用冰箱应注意以下几点，有利于节能。

（1）冰箱远离热源，保持空隙。

冰箱周围的温度每提高 5 ℃，其内部就要增加 25% 的耗电量。因此，冰箱应尽可能放置在远离热源处，以通风背阴的地方为好。

（2）开门忌频繁。

如果开门过于频繁，冰箱内的冷气外逸，冰箱外的暖湿空气乘此而入，就会使冰箱内温度上升。同时，进入冰箱内的潮湿空气容易使蒸发器表面结霜加快，结霜层增厚。由于霜的导热系数比蒸发器材料的导热系数要小得多，不利于热传导，造成冰箱内温度下降缓慢，压缩机工作时间增长，磨损加快，耗电量增加；若蒸发器表面结霜层厚度大于 10 mm，则传热效率将下降 30% 以上，造成制冷效率大幅降低，降低冰箱的使用寿命。

（3）停电保鲜，错峰用电。

有的冰箱具有“分时计电、停电保鲜”功能。这种冰箱在拉闸限电、突然停电长达 20 小时的情况下，仍能制冷保鲜，并可自动实现“错峰用电”。

误区 84：食物只要放进冰箱就安全了

【案例背景】

张先生非常疑惑，冷冻食品不会变质吗？不少家庭为节约时间，一次性购买大半个月的食材堆积在冰箱里，不管生的或熟的食品都放在冰箱中，总觉得比较保险，冰箱长年也不清洗。

有 11 月龄的女婴无明显诱因发热，体温最高达 40.5 ℃。给予头孢地尼、头孢替安治疗后无好转。脑脊液培养单核细胞增生性李斯特菌阳性。疾控部门调查发现，其家里老人有吃剩菜习惯，冰柜内表面涂抹样品中检出相同的单核细胞增生性李斯特菌。

【误区】

（1）食物只要放进冰箱就安全了。

（2）冷冻的食品不会变质，能冻死细菌。

【专家解析】

冰箱冷藏可以保鲜食物，常用冷藏温度是 4 ~ 8 ℃，绝大多数细菌生长速度会放慢。稳定的低温环境可有效抑制细菌、真菌等微生物的生长繁殖及毒素产生，但并不能将食物中微生物彻底杀灭，创造无菌的环境。而且食物中的耐低温微生物仍然可以生长，最终发生菌相改变。耐低温的优势菌还是可以促使食品变质，常见嗜冷细菌如耶尔森菌、单核细胞增生性李斯特菌等在这种温度下反而能增长繁殖。生熟食物混放，更容易使冰箱内的食品受到微生物的污染。如果冰箱不经常清洗消毒反而会成为一些细菌滋生的温床。一旦食物被致病性的微生物污染，如未彻底加热烧熟就会引起食物中毒。

冷冻保存食品只能延缓食物变质。家庭冰箱的冷冻室温度一般恒定在 -18 ℃，一般细菌也都会被抑制或杀死，这里面存放食品具有更好的保鲜作用。但冷冻并不等于能完全灭菌，仍有些抗冻能力较强的细菌会存活下来。大多数的微生物对低温都有较强的抵抗能力。一旦温度升高以后，它们仍然会继续生长繁殖。从营养角度考虑，猪肉放在冷冻室冰冻，只能保存 3 个月，如储存时间延长，肉的营养素会流失，脂肪氧化酸败，口感变差。

案例中婴儿就是被单核细胞增生性李斯特菌感染。该细菌耐低温，冰箱冷藏环境不能抑制其繁殖。冰箱中被污染的食物是引发单核细胞增生性李斯特菌食物中毒的高风险食物。患者发生中毒后，除腹泻、腹痛等胃肠道症状外，还可能表现为败血症、脑膜炎、脑脊髓膜炎等相关症状，死亡率高达 20% ~50% 。

【延伸阅读】

目前生产的电冰箱中，90% 以上是气体压缩式制冷。其原理是依靠低沸点液态制冷剂汽化时吸热达到制冷目的，再以压缩机将制冷剂蒸气压缩，继而使之液化放热，从而完成制冷循环。市场上主要有风冷式与直冷式两种家用冰箱，各有优劣（表 20），应结合自身的情况，选择适合自己的冰箱。

表 20　风冷式与直冷式家用冰箱比较

	风（间）冷式冰箱	直冷式冰箱
结构	复杂，多了风机、冷藏室温控器、化霜部件	简单
容积	大容积，一般 300 L 以上，间室多	小容积，300 L 以下，间室少
冷却	风扇送风，冷空气强制循环，温度均衡性好，冷却速度快	自然对流，温度均衡性相对差一些，冷却速度低
冷冻	冷冻速度稍慢，冻结的食物不与蒸发器直接接触，存取方便	食物直接与冷冻室蒸发器接触，冷冻速度快
	冷冻温度均匀性好，全自动除霜，使用方便	冷冻温度均匀性差，无除霜功能，人工除霜
能耗	能源消耗大 10% ~20%，噪声大，故障率高	不会产生额外的噪声和耗电，故障率低

误区 85：水果必须放入冰箱保鲜

【案例背景】

王先生买了一把香蕉，一时吃不了，便放在冰箱冷藏室里保存，等几天后从冰箱里拿出来，发现香蕉皮上出现了黑褐色的斑点。王先生疑惑为何冰箱冷藏香蕉没效果。

【误区】

（1）水果放入冰箱就能保鲜。

（2）香蕉不能放冰箱里保存。

【专家解析】

香蕉出现黑褐色斑点

香蕉价格便宜又香甜可口，是百姓水果盘中的“常客”。通常，采收香蕉时需要根据香蕉采后运输时间的长短、储存条件及采收季节不同来确定适当采收成熟度，一般成熟度为 10% ~30% 时采摘。在流通过程中，香蕉释放乙烯气体，大部分的乙烯气体来自香蕉根茎部位，乙烯可加速香蕉自身变褐变熟，也会加速附近水果的成熟进程。

香蕉流通过程中往往会通过恒定温度来保鲜。像香蕉、芒果等热带水果，适合在 12 ℃左右保存，若在 12 ℃以下的环境中保存，如冰箱冷藏温度要比香蕉原来生长环境的温度低很多，为了努力适应冰箱的低温（5 ~ 8 ℃），香蕉只好不停地进行新陈代谢，所以腐烂的速度反而要比没放进冰箱时更快。冷藏时，如果香蕉皮发生凹陷，出现一些黑褐色的斑点，就说明它被冻伤了，不仅营养成分遭到破坏，而且还很容易变质。买回来时还未成熟的热带水果，因其耐寒性差，最好别放入冰箱中。否则，它们不仅不能正常地成熟，还会加速腐烂，导致无法食用。若提高冰箱冷藏温度到 12 ℃，也就能保存香蕉、芒果等热带水果了。日常生活中，热带水果最好放在避光、阴凉的地方储藏，如果一定要放入冰箱，应置于温度较高的蔬果槽中，保存的时间最好不要超过两天。热带水果从冰箱取出后，在正常温度下会加速变质，所以要尽早食用。因此水果放入冰箱就能保鲜和香蕉不能放冰箱里保存的说法都不够科学。

【延伸阅读】

（1）香蕉保鲜。

有研究人员将同等大小、同等重量的香蕉分成两组，分别在 7 ℃和 22 ℃的条件下储存 3 天，发现 7 ℃储藏的香蕉出现了明显的冻伤，表皮出现棕色斑点。随后，研究人员又用乙烯对两组香蕉进行催熟，在储藏 0、1、3、5、7 天时对两组香蕉进行了对比，发现冷藏的香蕉在第 5 天才成熟，比正常温度储藏的香蕉成熟时间晚了 2 天。不仅如此，香蕉的表皮明亮度、光泽度、果实硬度和乙烯产量等指标也较低，表明低温会导致香蕉的延迟成熟。

要想使香蕉保鲜时间更长，可以用保鲜膜把香蕉根部包裹起来，或者用报纸包住香蕉放在通风处即可。另外，在切开的香蕉根茎部抹点柠檬汁或食醋也有助于防止香蕉变成褐色，同时将香蕉放在室温阴凉处可以缓解香蕉成熟进程，延长保鲜时间。

（2）各种水果保存的适宜温度见表 21。

表 21　各种水果保存的适宜温度表

水果	保存温度
苹果、梨、桃、葡萄、山楂、杏、李、西瓜、石榴、柿子、草莓、无花果	0 ~ 4 ℃
牛油果、枇杷、冬枣、山竹、菠萝、百香果、人参果、橄榄、芒果、柑橘、柚、橙、蜜瓜	5 ~ 10 ℃
香蕉、释迦果、柠檬、哈密瓜、火龙果、荔枝、桂圆、木瓜	11 ~ 15 ℃

误区 86：没有保质期的食物可以长期食用

【案例背景】

近期，网上流传豆子、干菌类、大米、面粉、陈皮、蜂蜜等食物没有“保质期”，即使存放时间长了也可食用，甚至放得越久越好。

【误区】

（1）超保质期的食品绝对不能吃。

（2）散装食品没有保质期，放得越久越好。

【专家解析】

市场上包装食品的标签上都可以看到保质期，这是法律规定必须标示的内容，目的是让消费者了解最佳食用时间。我国《食品安全国家标准 预包装食品标签通则（GB 7718—2011）》中规定保质期是预包装食品在标签指明的储存条件下，保持品质的期限。也就是说在规定的储存条件及标注的时间内，产品的质量是最佳的。刚超过保质期的食品，有可能食品的感官性状发生变化，品质变差，并不是所有的都立刻不能吃，保质期只是一个参考期限，只要口感尚未变化，还是可以酌情食用的。当然，超过保质期的食品不能销售，也不能使用过期的原料生产食品，否则是违法行为。相反有些食品尚在保质期，口感就已严重变化，发生腐败变质，就不能再食用。

任何食品的品质都是有限的，因此不管是预包装食品还是散装食品都应该有保质期，其长短与食品理化性质、加工方法和储存条件有关。储存条件好，食品保质期可延长；储存条件差，在保质期内食品可能就变质了。

同一种食品不同厂家生产的保质期完全可以不一样，因此食品的保质期应由厂家自己决定。《食品安全国家标准 食品经营过程卫生规范（GB 31621—2014)》规定销售散装食品，应在散装食品的容器、外包装上标明保质期，生产日期应与生产者在出厂时标注的生产日期一致。《中华人民共和国农产品质量安全法》规定应当包装或者附加承诺达标合格证等标识的，须经包装或者附加标识后方可销售。包装物或者标识上也应标示保质期。

所以，家里购买来的散装豆子、干木耳、大米、面粉、陈皮、蜂蜜等食品自然看不到保质期。干燥的豆子、干木耳、香菇、大米、面粉、陈皮等可以放很长时间，但这并不意味着就可以随便放、无限期存放，更不可能是放得越久越好。如果储存条件发生变化，比如受潮，同样会发霉。蜂蜜因为糖分高，渗透压高，微生物难以生长，可以放较长时间，但存放蜂蜜的瓶罐被开启后，其中含有的一些耐渗透压的酵母会生长活动，蜂蜜也会逐渐变质。所以说这些食物“放得越久越好”也是错误的。

【延伸阅读】

（1）经营散装食品的有关规定。

《流通环节食品安全监督管理办法》第十九条：食品经营者储存散装食品，应当在储存位置标明食品的名称、生产日期、保质期、生产者名称及联系方式等内容。食品经营者销售散装食品，应当在散装食品的容器、外包装上标明食品的名称、生产日期、保质期、生产经营者名称及联系方式等内容。

《食品安全国家标准 食品经营过程卫生规范（GB31621—2014)》中规定：销售散装食品，应在散装食品的容器、外包装上标明食品的名称、成分或者配料表、生产日期、保质期、生产经营者名称及联系方式等内容，确保消费者能够得到明确和易于理解的信息。散装食品标注的生产日期应与生产者在出厂时标注的生产日期一致。

《中华人民共和国农产品质量安全法》第三十八条：农产品生产企业、农民专业合作社以及从事农产品收购的单位或者个人销售的农产品，按照规定应当包装或者附加承诺达标合格证等标识的，须经包装或者附加标识后方可销售。包装物或者标识上应当按照规定标明产品的品名、产地、生产者、生产日期、保质期、产品质量等级等内容；使用添加剂的，还应当按照规定标明添加剂的名称。具体办法由国务院农业农村主管部门制定。

（2）食品保质期怎么确定的？

食品保质期通常是指在保质期限定时间段内，食品的品质不会发生明显的变化。企业通过改进工艺和包装，企业生产产品的实际标注保质期可以高于国家或行业规定。食品保质期由食品生产经营者根据食品原辅料、生产工艺、包装形式和储存条件、经营情况等因素确定。终产品保存期试验是食品保质期的主要依据。

首先，将终产品分别放置在常温（20 ℃、避光）、光照和加速（70 ℃，湿度 60%）三种条件下。其中，常温是完全模拟实际储存情况；光照是看光的影响；加速实验，是以 1 周代替实际 1 个月。

其次，分别取时间进度的 25%、50%、75%、100% 和 110% 的实验样品，进行感官评定、理化和微生物检测。例如，保质期 6 个月，那么常温条件下，1.5、3、4.5、6、6.5 个月的时候，取样进行微生物试验、理化试验及感官评定；加速条件下，1.5、3、4.5、6、6.5 个月的时候，取样进行微生物试验、理化试验及感官评定。食品的口感变化是食品是否变质的重要指标，通过品尝、嗅闻、观察评估食品的味道、气味、口感、外观、颜色，以判断食品是否变质。一般情况下，厂家根据食品开始变得不好吃的天数，乘上 0.7 ~ 0.8 的系数，就是该食品的保质期。

最后，根据产品在市场上的铺货、物流等情况，考虑同系列产品的保质期和消费者的认知，最终确定一个保质期。

误区 87：咖啡伴侣中反式脂肪酸含量高，易导致心血管疾病

【案例背景】

媒体报道了反式脂肪酸可导致心血管疾病和 2 型糖尿病，存在很大的健康风险，称"反式脂肪酸是餐桌上的定时炸弹"，引起业内和公众的极大震动。

【误区】

（1）反式脂肪酸是餐桌上的定时炸弹，可以导致心血管疾病和 2 型糖尿病等。

（2）咖啡伴侣中反式脂肪酸含量高。

（3）我国居民通过膳食摄入大量反式脂肪酸。

【专家解析】

反式脂肪酸是一大类含有反式双键的脂肪酸的统称。反式脂肪酸有天然存在和人工制造两种情况，普遍存在于各种各样的食品中，很难完全避免摄入。人乳和牛乳中都天然存在反式脂肪酸，牛奶中反式脂肪酸占脂肪酸总量的 4% ~9%，人乳中占 2% ~6%。加工来源的反式脂肪酸主要来源于油脂氢化和油脂精炼加工，植物油加氢可将顺式不饱和脂肪酸转变成室温下更稳定的固态反式脂肪酸。除此之外，煎炒烹炸油温过高、时间过长时也可产生少量反式脂肪酸。

反式脂肪酸与健康之间的关系近年来受到科学界及各国政府的广泛关注，目前的研究结果比较明确的是，过量摄入反式脂肪酸会增加患心血管

疾病的风险，但不等于说摄入反式脂肪酸就会导致心血管疾病。反式脂肪酸导致心血管方面的损害是需要相当长的时间的，并且与个人的体力活动、生活方式等紧密相关，不是今天吃了明天就得病。关于反式脂肪酸对早期生长发育、体重、血压的不良影响和是否与 2 型糖尿病等有关还有待于进一步研究。

2013 年中国国家食品安全风险评估中心进行了为期两年的居民反式脂肪酸膳食摄入的风险评估，调查过的 2 000 余份有关食物中，大部分反式脂肪酸含量很低，黄油、天然奶油、植物奶油、植物油、威化饼干、夹心饼干、一些巧克力蛋糕、奶油面包、牛角面包、固体汤料、代可可脂巧克力等食品的反式脂肪酸平均含量较高。然而，咖啡伴侣中几乎不含反式脂肪酸。并且中国人通过膳食摄入的反式脂肪酸所提供的能量占膳食总能量的百分比仅为 0. 16%，中国居民膳食中反式脂肪酸的摄入量显著低于西方发达国家居民的摄入量，远低于世界卫生组织建议的限量值（1%），而且一半的反式脂肪酸来源于植物油。因此我国居民不用过度担心反式脂肪酸的危害。

【延伸阅读】

（1）中国居民反式脂肪酸膳食摄入的风险评估。

食物消费量调查显示，中国人通过膳食摄入的反式脂肪酸所提供的能量占膳食总能量的百分比仅为 0. 16%，北京、广州这样的大城市居民也仅为 0. 34%。此前的媒体报道夸大了反式脂肪酸给中国民众带来的健康风险。本次评估还发现加工食品是城市居民膳食中反式脂肪酸的主要来源，占总摄入量的 70% 以上，其余为天然来源。在加工食品中，植物油的贡献占一半左右，其他加工食品的贡献率较低，如糕点、饼干、面包等均不足 5%。市面上多数品牌的咖啡伴侣不含反式脂肪酸或含量很低。并且，我国在婴幼儿配方食品相关国家安全标准中明确规定总反式脂肪酸最高含量不得超过总脂肪酸的 3%。

（2）如何挑选和识别含反式脂肪酸的食品。

食物包装标签的配料中列出的成分，如称为“代可可脂”“植物黄油（人造黄油）”“部分氢化植物油”“氢化脂肪”“精练植物油”“氢化菜油”“氢化棕榈油”“固体菜油”“酥油”“人造酥油”“雪白奶油”或“起酥油”等就是含有反式脂肪酸。反式脂肪酸含量较多的食品有：代可可脂巧克力、奶油、黄油、葵籽油、蛋糕、调和油、固体汤料、大豆油、薯条、泡芙、奶油面包、玉米油、麻花等。

误区 88：水发食品的颜色越白质量就越好

【案例背景】

周老伯听说，一些商贩为了赚钱，居然用国家禁止使用的非食品添加剂制作水发食品。所以，看着市场上洁白发亮的牛百叶、色泽鲜亮的鱿鱼、晶莹剔透的蹄筋，正准备年货的周老伯为难了，这到底能不能买呢？

水发牛百叶

【误区】

（1）水发食品的颜色越白质量就越好。

（2）水发食品都使用非法添加剂。

【专家解读】

水发食品就是用水泡发的食物，此类食物原来是新鲜的，经过晒干或是烘干、烤干后便于保存、运输，如梅干菜、笋干、香菇、木耳（白木耳）、腐竹等。海产品有墨鱼、干鱿鱼、蛏子、海参等。传统水发食品一般使用水或添加少量食用碱或小苏打来浸泡，这符合国家有关食品添加剂使用规定。部分经销商为了迎合消费者“水发食品的颜色越白质量就越好”

的心理，使用一些工业用烧碱、甲醛、吊白块、工业用过氧化氢等，延长水产品的保存期，同时降低成本，加快了水发过程。但这些化学物品对人体都是有毒有害的，如果长期使用，将会对人的健康带来影响。烧碱、甲醛之所以受到众多商贩的“青睐”，就是因为它们便宜，水发效果好。以一大盆鱿鱼为例，只需用极少量的烧碱，即可在短时间内达到用食用碱达不到的水发效果，既不耽误时间，鱿鱼的体积也会膨胀至原来的 2 ~ 3 倍，重量也会增加许多。之后再将鱿鱼放在甲醛或双氧水中浸泡，颜色会变得白里透红，十分好看，对购买者有一定的吸引力，利润空间非常大。因此水发食品的颜色不是越白质量就越好。

2005—2010 年全国各地农贸市场抽检水发食品中甲醛平均检出率为 15% ~70%，牛百叶、鱿鱼等水发产品中甲醛平均检出率达 44% ~80%。调查发现不少水产批发市场的商户均采用过氧化氢及烧碱泡制水发食品。2015 年后水发食品中添加烧碱、甲醛、吊白块、工业用过氧化氢的现象明显下降，并不是水发食品都使用了这些非法添加剂。

【延伸阅读】

（1）水发食品中甲醛的健康风险评估。

2016 年成都市有关部门对全市范围内水发食品中甲醛含量进行测定，结合成都市居民膳食消费数据，计算成都市居民甲醛暴露量，采用点评估的方法开展成都市居民摄入水发食品中甲醛的风险评估。结果发现水发食品中甲醛含量差异较大，平均含量为 0.7 mg/kg，最大值为 2 400 mg/kg。68.1% 的居民近一年内摄入水发食品，其中仅 4.4% 的居民摄入频次在 1 ~ 6 次/周。结论是成都市水发食品中甲醛含量没有健康风险。

（2）感官鉴别水发食品，谨慎购买。

做到一看、二闻、三摸。看就是看颜色，如果水发食品色泽过白、鲜亮，失去原有的正常颜色，在水的浸泡下显得非常丰满，卖相好，在加热后迅速萎缩，易化成渣，说明使用了有漂白作用的化学剂；闻水发食品是否有浓浓的碱味或刺鼻的味道或淡淡异味；摸就是用手感觉一下，如果水发食品手感滑，质地很脆，就有可能含有烧碱或甲醛。

消费者购买水发食品要去正规超市，并索要票据。

（3）几种常见的化学用剂。

食用碱：为纯碱（碳酸钠，化学式为 Na_2CO_3）与小苏打（碳酸氢钠，化学式为 $NaHCO_3$）的混合物，是一种食品疏松剂和肉类嫩化剂，主要能使干货原料迅速涨发、软化纤维、去除发面团的酸味等，适当使用可为食品带来极佳的色、香、味、形，以增进人们的食欲。大量应用于食品加工，如面条、面包、馒头制作等。如用食用碱泡食品，可使食品原料（如鱿鱼）中的蛋白质分子吸水能力增强，加快原料的涨发速度。

氢氧化钠：化学式为 NaOH，俗称烧碱、火碱、苛性钠，纯品是无色透明的晶体。工业品含有少量的氯化钠和碳酸钠，是白色不透明的晶体，有块状、片状、粒状和棒状等。氢氧化钠为一种具有强腐蚀性的强碱，易溶于水（溶于水时放热）并形成碱性溶液，可作为碱性清洗剂。另有潮解性，易吸取空气中的水蒸气（潮解）和二氧化碳（变质）。氢氧化钠泡食品的目的是漂白和增重。

吊白块：又称雕白粉，是以福尔马林结合亚硫酸氢钠再还原制得，化学名称为次硫酸氢钠甲醛或甲醛合次硫酸氢钠。呈白色块状或结晶性粉状，易溶于水。常温时较为稳定，高温下具有极强的还原性，有漂白作用。遇酸即分解，其水溶液在 60 ℃以上就开始分解出有害物质，120 ℃下分解产生甲醛、二氧化硫和硫化氢等有毒气体。普通人经口摄入纯吊白块 10 g 就会中毒致死，严禁在食品加工中使用。

误区 89：预制菜不安全、没营养

【案例背景】

“预制菜进校园”话题引发网友热议。不少老师、家长担心预制菜是否安全，营养是不是丰富，还有口味是否欠佳，会不会不利于正处于生长发育期的青少年。

【误区】

（1）预制菜不安全。
（2）预制菜不营养。

【专家解析】

随着经济的发展，人们生活节奏加快，食品加工技术和冷链运输也快速发展，消费者对于便捷、高效餐饮的需求提升，因此，餐饮行业产业链拉长，净菜、预制菜、即食菜等产业兴起。尤其是近年来，随着电商平台的崛起和物流体系的完善，预制菜市场迎来了爆发式增长。各大餐饮企业也推出了一系列口味多样的半成品菜品。但目前预制菜范围模糊，对预制菜的认识“千人千面”，标准不统一，监管困难。为促进预制菜产业的健康发展，国家市场监督管理总局发布了“关于加强预制菜食品安全监管，促进产业高质量发展”的通知。首次明确了预制菜范围，即预制菜也称预制菜肴，是以一种或多种食用农产品及其制品为原料，使用或不使用调味料等辅料，不添加防腐剂，经工业化预加工（如搅拌、腌制、滚揉、成型、炒、炸、烤、煮、蒸等）制成，配以或不配以调味料包，符合产品标签标明的储存、运输及销售条件，加热或熟制后方可食用的预包装菜肴。

大家担忧甚至拒绝预制菜的原因主要是认为原料不新鲜，原料食材不透明或含防腐剂。按上述定义，预制菜是工业化加工的、非即食的、预包装菜品。首先预制菜生产加工需要按预包装食品生产要求获得许可，监管部门对每个预制菜品种从原料到成品都要进行审核。其次预制菜是标准化生产，比现场烹饪制作方便管理，更能保证食材、加工过程卫生和菜品品质。再次预制菜保质期长并非添加防腐剂，而是依靠冷冻、冷藏储存和冷链物流。因此应将预制菜与一般包装食品一样看待，不必特别担忧预制菜的安全问题。

对预制菜的另一个担心是营养价值不高的问题，认为预制菜不新鲜，在多次加热的过程中，会破坏食物本身的营养价值，而青少年学生现在正是长身体的时候，长期食用预制菜对身体不利。其实不仅是预制菜，任何加工食品都会有营养素流失，但损失是轻微的。有研究表明预制菜中的绝大部分营养素都是能够保存下来的。工业化生产的预制菜都是经过研发，每道菜经反复试验，最后固化配料、工艺，也就固定了预制菜的营养素。工业化加工技术远比人工烹饪方法稳定，如采用低温慢煮、超高压非热加工、新型速冻、真空包装等技术可以有效减少营养成分的流失，保持预制菜的原有色泽、风味和口感。预制菜还可以通过合理搭配食材来提高营养价值，主要营养素标示在预制菜的营养标签中，可供使用者了解摄入的营养素。因此没有必要过分纠结预制菜的营养问题。

【延伸阅读】

（1）预制菜产业发展是必然趋势。

预制菜以其方便、快捷的特点，受到越来越多消费者的青睐。对于家庭生活而言，随着生活节奏的加快，下厨做饭从一种日常活动变为奢侈行为，做饭时间成为消费者需要计算的重要生活成本。而预制菜不用洗、不用择、不用切，因此越来越受到年轻“懒人们”的欢迎，省时间、又方便，超过一半的“95 后”消费者会优先选择预制菜品。对于没有时间的消费者而言，即使不擅长厨艺，也能在家做出可口美食，还能节省大量的时间。另外，餐饮和外卖行业通过使用预制菜，有利于节省厨房空间，方便烹饪，加快出餐的时间，降低餐厅人员的成本，可以促进整个餐饮行业的降本增效，自然也就会更多返利于消费者，对于企业和消费者而言是双赢的。预制菜的发展还能带动食品加工、冷藏等设备产业的快速发展。

（2）未来预制菜的监管。

首先，制定严谨的预制菜标准和规范，预制菜应限定在即热、即烹的预包装菜肴这个范围内，与主食类食品（如速冻面米食品、方便食品、盒饭、盖浇饭、馒头、面包、汉堡、三明治、比萨等）、中央厨房制作的菜肴、简单加工食用农产品（净菜）、即食菜肴明确区分开。从原料到成品明确预制菜生产经营过程的安全要求，为预制菜的生产经营提供统一标准和监督管理的依据。

其次，根据预制菜标准和规范严把预制菜生产许可关口，审核备案每道预制菜肴，提高预制菜行业准入门槛。加强预制菜食品安全监督检查，严格进货查验、生产过程控制、储藏运输等环节安全措施的落实。组织开展预制菜监督抽检。严厉打击违法违规行为。学校、养老院等重点单位严格把好进货关。

最后，统筹优质原料保障、关键技术创新研发、先进生产工艺装备应用、良好产业发展环境的营造，推进预制菜产业健康、有序的发展。随着食品工业技术的不断进步、预制菜市场的不断扩大和消费者需求的多样化，未来预制菜行业有望在保持安全卫生的前提下，合理搭配食材，减盐、减油，不断提升营养价值和口感品质，为人们的餐桌增添更多选择。

误区 90：吃抗癌食物就能防癌

【案例背景】

酗酒、抽烟、熬夜……是钱女士的常态，然而前段时间她被告知患上了乳腺癌。某一天一条网页弹出“晚期癌症患者靠坚持吃素治愈疾病”的消息，她便深信不疑，觉得那是上天给她的指引，从此她开始做一名素食主义者，喝果蔬汁计划开始进行。四个月后她感觉自己的病情得到了缓解，到医院检查，结果显示肿瘤细胞几乎在体内消失了，她便大肆宣扬“果汁治愈Ⅳ期（晚期）癌症+‘消灭癌症’的果汁配方”，成了网络红人，影响了很多癌症患者。可是不久后她的身体状况变坏，她告诉大家癌细胞已经扩散到血液、大脑、肝脏，到医院接受放疗和化疗时已经晚了，错过了最佳治疗时间，而后不幸去世。

现在网上充斥着许多抗癌的小技巧，如“吃抗癌食物就能防癌”“鸡蛋是发物，肿瘤患者不能吃”“少吃饭能饿死肿瘤”等。

【误区】

（1）吃抗癌食物就能防癌。

（2）鸡蛋是发物，肿瘤患者不能吃。

（3）少吃饭能饿死肿瘤。

【专家解析】

癌症已成为威胁人类健康的“超级杀手”，数据显示，癌症发病率及死亡率呈现逐年上升趋势。不过，我们也不必谈“癌”色变，只要我们采取积极预防、早期筛查、规范治疗等措施，可以明显降低癌症的发病率和死亡率。这里强调“规范、科学”，我们的预防和治疗须具有二者的特性，大家不可道听途说、片面听信一些谣言。本案例中素食行为导致营养不平衡，免疫力下降，反而降低了抗肿瘤能力。

虽然某些食物里确实含有一些抗癌成分，但是单纯靠吃这种食物来抗癌不现实。如“抗癌明星”西蓝花，其存在抗癌物质，有抗癌的功效，但真的要通过它来抗癌，必须每天吃 2.7 kg 左右，而这样我们会因为吃不下其他食物，造成营养不均衡，反而不利于我们的健康。所以，仅仅依靠吃抗癌食物并不能防癌抗癌。

鸡蛋所富含的蛋白质、氨基酸组成与人体最为相似，是人体所需的优质蛋白。消瘦是癌症患者最明显的表现，死亡的癌症患者都存在营养不良情况。这是因为癌症是一种慢性消耗性疾病，肿瘤细胞在增殖过程中需要大量的营养物质，这会导致患者营养消耗甚至消耗自身。因此给患者补充能量以维持机体功能是必须的，而鸡蛋能给癌症患者提供优质蛋白质，这种蛋白质更容易被吸收和利用。癌症患者可以通过吃鸡蛋来补养身体，增强体质和抗癌能力，同时有研究显示，带壳水煮蛋的蛋白质消化率高达 99.7%，几乎能全部被人体吸收利用。

此前有文章宣称，癌细胞喜欢糖，所以癌症患者不要吃太多的糖，甚至少吃饭，以此饿死癌细胞。虽然癌症会消耗大量的能量，但节食不但不会饿死癌细胞，反而会让患者营养状况恶化，抵抗力下降，不利于抗癌治疗。

【延伸阅读】

癌症预防的健康行为方式如下。

① 不吸烟：烟草燃烧后会产生大量的有害物质，长期积累在体内，会让人患上慢性疾病，还会诱发肺癌、口腔癌等癌症，同时注意二手烟的危害。

② 预防感染：某些癌症的发生与病毒、细菌感染有关。如肝炎病毒与肝癌，幽门螺杆菌与胃癌，人乳头瘤病毒与宫颈癌等发生有关。

③ 控制体重：过多的脂肪会增加大肠癌、乳腺癌、胰腺癌等癌症的发病风险，将体重控制在正常范围内可以降低患癌风险。

④ 减少食用加工肉和红肉：国际癌症研究机构将加工肉制品和红肉分

别列为 1 类致癌物和 2A 类致癌物。加工肉包括火腿、香肠、各类腌肉等。红肉包括牛肉、猪肉、羊肉、兔肉等。

⑤ 每天坚持运动：生命在于运动，在日常生活中做一些简单的运动，例如，快步行走、慢跑等，可以帮助调整呼吸，促进肌肉活动，提高免疫力和抗癌能力。

误区 91：好喝的白酒是加塑化剂的

【案例背景】

网传在白酒中添加塑化剂可以让年份不足的酒感官性状更像年份长的酒，同时“挂杯”的效果好，更好喝。塑化剂具有稳定香气的作用，可以稳定葡萄酒中添加的香料和葡萄酒香气。

【误区】

（1）塑化剂是故意添加到酒中，以改善酒的感官性状。

（2）塑化剂有毒，一定损害健康。

【专家解析】

塑化剂就是增塑剂，如邻苯二甲酸酯类物质，其挥发性低，稳定性高，易溶于乙醇等有机溶剂。动物实验发现部分塑化剂可造成生殖和发育障碍，并能诱发动物肝癌。但目前尚无充足的资料表明其对人类健康有不良影响。

那么白酒中怎么会检出塑化剂呢？是故意添加进去的吗？实际上白酒中的塑化剂主要有两个来源。一是生产白酒的原料，如稻壳、高粱等含有塑化剂；二是白酒在生产加工过程中使用、接触的塑料器具，如塑料接酒桶、输酒管道、塑料桶、盛放白酒的塑料瓶盖以及密封圈中的塑化剂，从塑料器具中溶解进入白酒中。有研究发现，酒库采用塑料管道输送白酒时，塑化剂邻苯二甲酸二丁酯迁移量最多，且随着酒精度数增高，浸泡时间延长而增大，但这并非案例中所讲的故意添加到酒中以改善酒的感官性状的行为。

我国《食品安全国家标准 食品接触材料及制品用添加剂使用标准

(GB 9685—2016)》列出了可以用作食品接触材料的塑化剂，还规定了允许使用的范围和用量。凡是不在这个名单中的材料都不允许使用。对于塑化剂明确规定了“生产的材料或制品不得用于接触脂肪性食品、乙醇含量高于20%的食品和婴幼儿食品”。尤其需要强调的是，塑化剂不是食品添加剂，禁止直接添加到食品中。但是由于塑化剂的广泛使用，目前已经成为普遍存在的环境污染物，所以，我们生活的环境、空气、水等都含有一定量的塑化剂。因此，生产白酒的原料中也存在一定量的塑化剂。为此我国已将塑化剂列入第六批“食品中可能违法添加的非食用物质”黑名单，并规定食品和食品添加剂中邻苯二甲酸二丁酯、邻苯二甲酸二乙基己基酯和邻苯二甲酸二异壬酯的最大残留量分别为1.0 mg/kg、1.5 mg/kg和9.0 mg/kg。

塑化剂对人类健康的影响取决于我们摄入塑化剂的量。只要每天平均摄入塑化剂的量不超过权威组织提出的安全限量，仅是偶尔食用少量的受塑化剂污染的食品不会对健康造成危害。但是，企业在白酒生产中应该尽量避免塑料材料的使用，如输酒管道可以换成不锈钢材料，从而避免外界材料中塑化剂向白酒中迁移，保障白酒产品质量安全。

【延伸阅读】

（1）国家规定的食品接触材料及制品的要求如下。

① 食品接触材料及制品在推荐的使用条件下与食品接触时，迁移到食品中的物质水平不应危害人体健康。

② 食品接触材料及制品在推荐的使用条件下与食品接触时，迁移到食品中的物质不应造成食品成分、结构或色香味等性质的改变，不应对食品产生技术功能（有特殊规定的除外）。

③ 食品接触材料及制品中使用的物质在可达到预期效果的前提下应尽可能降低在食品接触材料及制品中的用量。

④ 食品接触材料及制品中使用的物质应符合相应的质量规格要求。

⑤ 食品接触材料及制品生产企业应对产品中的非有意添加物质进行控制，使其迁移到食品中的量符合本标准的要求。

⑥ 对于不和食品直接接触且与食品之间有有效阻隔层阻隔的、未列入相应食品安全国家标准的物质，食品接触材料及制品生产企业应对其进行

安全性评估和控制，使其迁移到食品中的量不超过0.01 mg/kg。致癌、致畸、致突变物质及纳米物质不适用于以上原则，应按照相关法律法规规定执行。

⑦ 食品接触材料及制品的总迁移量，物质的使用量、特定迁移量、特定迁移总量和残留量等应符合相应食品安全国家标准中对于总迁移限量、最大使用量、特定迁移限量、特定迁移总量限量和最大残留量等的规定。

⑧ 食品接触材料及制品终产品应注明“食品接触用”“食品包装用”或类似用语，或加印、加贴调羹筷子标志，有明确食品接触用途的产品（如筷子、炒锅等）除外。有特殊使用要求的产品应注明使用方法、使用注意事项、用途、使用环境、使用温度等。对于相关标准明确规定的使用条件或超出使用条件将产生较高食品安全风险的产品，应以特殊或醒目的方式说明其使用条件，以便使用者能够安全、正确地对产品进行处理、展示、储存和使用。

（2）食品接触材料及制品种类。

食品接触材料及制品，是指在正常使用条件下，各种已经或预期可能与食品或食品添加剂接触或其成分可能转移到食品中的材料和制品，包括食品生产、加工、包装、运输、储存、销售和使用过程中用于食品的包装材料、容器、工具和设备，以及可能直接或间接接触食品的油墨、黏合剂、润滑油等。主要包括：搪瓷、陶瓷、玻璃、塑料、纸与纸制品、金属制品、涂料。这些食品包装材料国家均有相应的强制标准。涉及的主要安全指标是重金属、化学物迁移量、残留量，纸与纸制品还有甲醛和荧光物质的残留以及微生物问题。

误区 92：食用塑料包装的食品会诱发癌症

【案例背景】

网上有传言称，塑料是引发癌症的“凶手”，提倡不要喝塑料杯子中的茶、咖啡或任何热的饮品，不要吃任何在塑料袋子中的热食，不要吃塑料盒中的食品，避免饮用各种置于塑料瓶中的饮料。塑料产生的化学物质能引发 52 种癌症。

【误区】

（1）塑料盒产生的很多化学物质会迁移到食品中。

（2）塑料盒不可用微波炉加热。

（3）塑料包装食品会引发癌症。

【专家解析】

塑料包装材料与我们日常生活息息相关，且品种繁多，常用的食品接触塑料制品的材料主要有聚乙烯（PE）、聚丙烯（PP）、聚氯乙烯（PVC）、聚碳酸酯（PC）、聚对苯二甲酸乙二醇酯（PET）、聚苯乙烯（PS）。塑料是高分子化合物，经过聚合加工后性质比较稳定，本身没有毒性。其食品安全问题主要是塑料包装材料生产过程中的树脂单体、裂解物和塑料添加剂迁移到食品中产生的。因此可以通过检测模拟食物溶剂浸泡塑料包装材料规定时间、温度后浸泡液中总的迁移量、特定物质迁移量来判断是否会有害健康。迁移量的多少和迁移物质自身的性质以及用量有着直接的关系，同时还会受到接触物质以及所处环境的影响。

塑料包装材料安全风险的控制主要有以下三个方面。

① 食品塑料包装材料生产必须取得监管部门的生产许可证。

② 企业生产应符合《食品安全国家标准 食品接触材料及制品生产通用卫生规范（GB 31603—2015)》和《食品安全国家标准 食品接触材料及制品用添加剂使用标准（GB 9685—2016)》的要求进行。

③ 食品接触塑料产品必须符合《食品安全国家标准 食品接触材料及制品通用安全要求（GB 4806. 1—2016)》《食品安全国家标准 食品接触用塑料材料及制品（GB 4806. 7—2016)》《食品安全国家标准 食品接触用塑料树脂（GB 4806. 6—2016)》三个标准。从原辅料到成品都有明确要求。最终塑料产品中规定了重金属、化学物质、颜色迁移到食物中的限量。

塑料制品是否安全，就是看是否能达到上述标准规定的限量要求，取决于原料和生产工艺。只要按以上标准生产且迁移量在限量范围内的食品接触塑料材料及制品应该是安全的，均能放心使用，更不会引发癌症。

但是研究表明，塑料制品中化学物质迁移到食品中的量与使用也有关。一般来讲，在加热条件下时间越长以及盛放酸性、醇类食物的，化学物质迁移量越多。另外只有聚丙烯（PP）塑料可以用微波炉加热，其他塑料是不合适的。

使用食品包装材料和塑料器皿应注意以下事项。

① 避免使用非正规厂家生产的食品包装材料和塑料食用、厨用器具。市场上有一部分质次价廉的塑料制品往往并没有明确注明可应用的范围，要避免使用这类容器存放热的食物，特别是液态的食物和酸性的食物。因为热、酸都会促进有害成分溶出而污染食物。

② 使用正规厂家生产的微波炉专用塑料器具。微波炉专用塑料容器应当是半透明、不带颜色、耐高温的产品。微波炉加热含水量较大的食物，可用 PP 塑料容器；加热含油较多的菜肴、食物，则应选用耐热性更强的 PC 容器；如果加热非液态食物，不宜用任何塑料容器。使用微波炉加热食品，最好使用玻璃容器或是没有任何内涂染料的瓷器。

③ 避免使用非耐热的塑料容器盛装热食。

④ 有些塑料瓶类的容器，遇热会变软、变形，不要用这类容器装过热的食物。虽然这类塑料在常温下是安全的，但在高温下可能分解、释放出有害的成分。常见到有人将热开水、热茶装入矿泉水瓶或饮料瓶，这种做法具有一定的健康危害性。

【延伸阅读】

（1）塑料的分类。

根据材质在加热、冷却时呈现的性质不同，塑料分为热塑性塑料和热固性塑料两类。

① 热塑性塑料。

主要以加聚树脂为基料，加入适量添加剂而制成。在特定温度范围内能反复受热软化流动和冷却硬化成型，其树脂化学组成及基本性能不发生变化。这类塑料成型加工简单，包装性能良好，可反复成型，但刚硬性低，耐热性不高。

② 热固性塑料。

主要以缩聚树脂为基料，加入填充剂、固化剂及其他适量添加剂而制成；在一定温度下经一定时间固化，再次受热，只能分解，不能软化，因此不能反复塑制成型。这类塑料具有耐热性好、刚硬、不熔等特点，但质地较脆且不能反复成型。食品包装上常用的有氨基塑料、酚醛塑料、环氧塑料等。

（2）塑料标志。

为促进塑料分类收集、塑料制品的处置和回收利用，《塑料制品的标志（GB/T 16288—2008）》规定了塑料代码，根据产品上的代码，消费者也可以了解常用塑料产品的主要材质（表22）。

表22　塑料包装标志表

塑料代码	名称	缩略语	制品举例
01	聚对苯二甲酸乙二醇酯	PET	碳酸饮料瓶
02	高密度聚乙烯	PE-HD	塑料袋
03	聚氯乙烯	PVC	水管、雨衣
04	低密度聚乙烯	PE-LD	保鲜膜
05	聚丙烯	PP	微波炉餐盒
06	聚苯乙烯	PS	发泡快餐盒、养乐多瓶
58	聚碳酸酯及其他	PC	奶瓶、太空杯

续表

塑料代码	名称	缩略语	制品举例
—	食品接触用		餐盘

误区 93：经常吃腐乳会致癌

【案例背景】

小张妈妈年轻的时候就爱吃腐乳，广合、糟方、玫瑰腐乳……几乎每天都得拿它下饭，配点白粥，炒菜加一点、吃面条加一点，感觉没有它吃饭都不香了。最近小张听人说“腐乳之所以叫腐乳，是因为它很臭，是发霉过的，很有可能致癌，要少吃”。一想到妈妈天天不离腐乳，小张和妈妈说了这事，并强制禁止了妈妈吃腐乳。可长期以来没离开过腐乳的妈妈离开腐乳后吃饭没胃口，最近反而因为吃得少，体重都下降了不少。

【误区】

（1）腐乳致癌。

（2）腐乳经过了腌制，和腌菜一样会食物中毒。

【专家解析】

民间有很多腐乳致癌的传言。事实上，腐乳属于发酵性豆制品，确实是“发霉”过的，但是制作腐乳是以毛霉菌为主，也包括少量经过特定方法严选的酵母菌、曲霉、青霉，这些经过严选的有益菌种不会产生毒素，也不会致病。另外，这些霉菌还分解豆腐中的蛋白质，产生或增加氨基酸、B 族维生素等营养物质，有点类似于酿造酱油、黄豆酱等的发酵过程。腐乳的臭味是蛋白质分解产生的二氧化硫挥发的结果，所以霉菌不仅提升了豆腐中的营养物质，还增加了风味，让腐乳闻起来臭，吃起来香。因此腐乳致癌纯属无稽之谈。

有些人食用腌制菜会出现食物中毒，主要是因为其含有过量的亚硝酸盐，从而导致“肠源性紫绀”，而大豆中的亚硝酸盐含量本身非常低，即使长达几个月的发酵也不会产生大量亚硝酸盐。因此，不能把腐乳和腌菜混为一谈。此外，红曲色素是红曲菌产生的天然色素，对人体十分安全。毛霉和红曲均不会产生毒素。所以不必担心腐乳致癌。

【延伸阅读】

任何食品都是有利有弊的，腐乳也不例外。

腐乳的益处：腐乳除了含有豆腐固有的优质蛋白质、异黄酮、低聚糖、皂苷等营养成分外，在发酵过程中还产生和增加了许多其他有益成分，如氨基酸、B族维生素等，营养成分变得更丰富了，并且相比于大豆，它的营养成分人体吸收率更佳。未发酵的大豆制品中，异黄酮主要是以黄酮葡萄糖苷的形式存在，发酵后则变成游离型异黄酮苷原，具有更广泛、更强烈的抗菌、抗氧化等生物学活性。腐乳制作过程中，由于微生物的作用，腐乳中蛋白质的消化率从65.3%升高到96%。合成的B族维生素，可补充人体需要，如每100 g腐乳中维生素B_{12}的含量约为10 mg，可避免巨幼红细胞贫血、记忆力下降、失眠、抑郁等。

腐乳的弊处：盐和嘌呤含量较高。通常一块10 g左右的腐乳，含盐约0.3 g。这种“隐形盐”往往不被人注意。豆腐本身属于中等嘌呤食物，每100 g豆腐中约含55 mg嘌呤，腐乳的嘌呤含量更高些。一般来说，每天食用量不超过一块是可以接受的，如果食用过量，会增加患高血压和痛风的风险。

误区 94：市场上的蜂蜜大多是假蜂蜜

【案例背景】

90 后养生达人小刘，每天早上都要喝一杯蜂蜜水。有一天办公室的王姐对她说，市场上的蜂蜜 90% 都是假的，只有在乡下养蜂人那儿才有可能买到真蜂蜜。小刘听了将信将疑。

蜂蜜

【误区】

（1）市场上买到的大多是假蜂蜜。

（2）有结晶的蜂蜜是假蜂蜜。

（3）蜂农那里买的才是真蜂蜜。

【专家解析】

蜂蜜是蜜蜂采集植物的花蜜、分泌物或蜜露并与自身分泌物混合后，经充分酿造（转化沉积、脱水、储存、成熟）而成的天然甜物质。主要成分是糖（葡萄糖和果糖占 60% ~70%）、水（占 19% ~23%）、有机酸、酶和来源于蜜蜂采集的固体颗粒物如植物花粉等，还含有钙、铁、磷等多种矿物质和生物活性物质，是人们普遍认可的一种营养滋补品。

由于蜂蜜是一种天然产品，其成分受多种因素影响，如植物和地理环境、流蜜强度、气候条件、蜂蜜、加工和包装程序、蜂蜜储存条件和时间等，各种蜂蜜的感官和成分差别较大。蜂蜜的气味和色泽随蜜源的不同而不同，色泽从水白色至深琥珀色。尽管蜂蜜品种繁多，但其基本特点是

① 蜂蜜中的糖以葡萄糖和果糖为主，通常情况下呈黏稠流体状，低温时葡萄糖会结晶，但果糖不会结晶，因此并非结晶的就是假蜂蜜；② 蜂蜜经过采花酿造，成分复杂，会浑浊和带有浓郁的植物香。

2017 年某地抽检市售蜂蜜产品 30 件，仅发现 1 件可能掺假。说明市场上掺假的蜂蜜不多，绝大部分是真的。日常生活中，由于蜂蜜真假难辨，购买蜂蜜还是应该选择正规的商家和渠道。

【延伸阅读】

天然蜂蜜是蜜蜂采集花蜜酿造而成的，我们通常所说的蜂蜜就是指天然蜂蜜，因其来源于不同的蜜源植物，又分为椴树蜜、槐花蜜、紫云英蜜、枇杷蜜、桂花蜜等。有时人们也只以生产季节把蜂蜜分为春蜜、夏蜜、秋蜜和冬蜜。蜂蜜随蜜源植物种类不同，颜色差别很大，往往是颜色浅淡的蜜种，其味道和气味较好。因此，蜂蜜的颜色既可以作为蜂蜜分类的依据，也可以作为衡量蜂蜜品质的指标之一。

蜜蜂采蜜

由于影响蜂蜜品质的因素多，相应的标准无法满足蜂蜜复杂的变化，在某些情况下，未加工蜂蜜的参数不符合标准要求，而有的掺假蜂蜜的参数却在标准范围内，因此蜂农常抱怨市场检验机构对他们的产品判断错误。我国国家标准《食品安全国家标准 蜂蜜（GB 14963— 2011）》，侧重强制性安全指标；行业标准《蜂蜜（GH/T 18796—2012）》和中国蜂产品协会团体标准《蜂蜜（T/CBPA 0001—2015）》侧重真实性和反映品质新鲜度的指标。上述标准均涉及质量指标、农兽药残留指标、微生物污染和重金属指标。

《蜂蜜（T/CBPA 0001—2015）》将蜂蜜分为合格品、优级品、特级品三个等级（表 23）。这些指标综合起来就能判断蜂蜜的品质和真假。蜂蜜中掺入蔗糖、玉米糖浆等是造假者最常用的手段。碳-4 植物糖超过 7% 即提示可能掺假。

表23 蜂蜜项目和指标表

项目	指标		
	合格品	优级品	特级品
水分/%	≤23	≤21	≤19
果糖和葡萄糖/%	≥60	≥65	≥70
蔗糖/% 桉树、柑橘、紫花苜蓿、荔枝、野桂花蜂蜜	≤10	≤10	≤10
其余蜂蜜	≤5	≤5	≤5
碳-4植物糖/%	≤7	—	—
酸度（1 mol/L氢氧化钠）/（mL/kg）	—	≤40	≤18
羟甲基糠醛/（mg/kg）	—	≤40	≤20
淀粉酶活性（1%淀粉溶液）[mL/（g·h）]	—	≥4	≥8
灰分/%	—	≤0.4	≤0.4
甘油/（mg/kg）	—	—	≤300

日常生活中蜂蜜无法检测，要辨别蜂蜜真假，注意以下几点。

① 价格特别低的，已经偏离了养蜂成本，肯定有问题。

② 看蜂蜜颜色，如果特别浅，或者像水般通透，就不是真蜂蜜，如果黏度太低，也有可能是果浆而不是蜂蜜。

③ 看气泡，一般瓶装的真蜂蜜摇晃过后，都会在上方出现一层白白的气泡，而假蜂蜜摇晃之后，上方只会出现一点点气泡，有的甚至不会出现气泡。

④ 看黏滞度，真蜂蜜用勺子去挖的时候像是在挖一层液体，倒到碗里也不会出现流不下来的情况。假蜂蜜因为里面掺了胶状物质，因此倒的时候会感觉很硬，而且拉丝不断。

⑤ 尝味道，真蜂蜜的口感没有那么香甜，有的还会有一点点涩味。但是假蜂蜜因为里面添了甜味剂，尝一口就会觉得很甜。

⑥ 看标签和配料表，真蜂蜜大多是用“植物名＋蜂蜜”或“植物名＋蜜”名称组合。而非纯蜂蜜一般常常用浆、膏、露来命名，这些一般是糖浆或者合成品。另外，如果蜂蜜的配料表上还含有其他成分，有可能勾兑了糖浆。

天然蜂蜜是可以在密封状态下长期保存而不变质的。但蜂蜜吸湿性强，内含有丰富的活性酶和酵母菌等，如果密封不够好，蜂蜜容易发酵变质。天然的含有活性酶的蜂蜜不能加热至60 ℃以上，否则活性酶会在高温下变性失活。

误区 95：小孩吃蜂蜜促进性早熟

【案例背景】

近期，网上流行一种说法：蜂蜜中含有少量花粉，而花粉中又有植物雌激素，小孩吃蜂蜜会导致激素水平紊乱，引起体内雌激素水平升高，长期摄入蜂蜜会促进性早熟。

【误区】

蜂蜜含类雌激素样物质，小孩食用后促进性早熟。

【专家解析】

蜂蜜中最主要的成分是糖，占到总量的近 75%，再除去 20% 的水，其他成分占 5%。而这 5% 的成分通常有一些维生素和矿物质、蛋白质、有机酸以及花粉等。在蜂蜜和花粉中，并没有检测到动物性激素的报告。花粉中确实含有不少植物激素成分，但这些成分和动物体内的激素差别很大，不会对人体产生激素样的作用。因此，蜂蜜不会对人体产生激素样作用，也不会促使孩子性发育，引起性早熟。

【延伸阅读】

蜂蜜中含有糖类、维生素、矿物质等营养素，有一定营养价值。儿童可以食用蜂蜜，但食用时应注意控制摄入量，避免影响其他食物摄入。1 岁以下的婴儿由于胃肠道功能尚未发育健全，不建议食用蜂蜜。

另外，蜂蜜成分比较复杂，含有不同种类的花粉，同时也可能含有抗生素、农药残留、有害细菌及其毒素等。对于低龄婴幼儿、免疫力比较弱或具有过敏性体质的儿童，不建议食用蜂蜜。蜂蜜中含有大量糖类，食用后会引起血糖升高，有糖尿病倾向或者罹患糖尿病的儿童也不应大量食用蜂蜜。

蜂王浆中确实存在微量的性激素，但它的含量很低，根本不足以对人体生理造成影响。1988 年，中国科学家对蜂王浆中的性激素含量测定发现，每 100 g 蜂王浆中含有雌二醇 416. 7 ng，孕酮 116. 7 ng，睾酮 108. 2 ng。这个量比很多动物性食物中正常存在（而且安全）的激素含量还要低得多。北京市卫生防疫站曾对市场上销售的一般动物性食品进行了性激素含量检测，按这个结果算下来，牛、羊肉中的雌二醇含量是蜂王浆的 10 ~ 400 倍，羊肉中孕酮含量是蜂王浆的 500 多倍，牛奶的睾酮含量也是蜂王浆睾酮含量的 20 ~ 150 倍。所以，蜂王浆中的性激素含量不会对人体产生有害影响。

但是发育正常的儿童如果长期大量食用蜂王浆有可能导致体内平衡的激素分泌失衡，进而影响到儿童的正常发育，导致出现性早熟。发育不全的儿童则可以在医生的指导下适量食用蜂王浆，其中的雌激素可以在一定程度上促进身体发育平衡。一般情况下 16 岁以上的青少年各器官发育较为完善，体内激素水平也趋于稳定，蜂王浆具有改善营养、补充体力、消炎抗菌、提高免疫力等功效，16 岁以上的青少年有需要的话，也是可以适量食用蜂王浆的。

误区 96：多吃香蕉能治便秘

【案例背景】

某公司职员周先生连续几天大便困难，每天都吃香蕉，少则一天两三根，多的时候一天五六根。没想到，近一周后，排便更困难了。

【误区】

（1）香蕉可以治疗便秘。

（2）香蕉吃得越多，通便效果越好。

【专家解析】

严格来说，只有正确食用香蕉才能缓解便秘。熟透的香蕉中含有丰富的果胶，食用后能加速肠胃蠕动。然而，没有熟透的香蕉中果胶含量少，鞣酸含量多，吃得过多反而会抑制肠蠕动，可能导致粪便干结，加重便秘。因此，要等到香蕉表皮出现黑斑，内里完好时再吃。一根香蕉约含有 4 g 膳食纤维，其纤维素含量比苹果、梨、橙子这些常见水果要低得多，故一根香蕉对便秘的缓解效果非常有限。另外便秘的原因很多，周先生不一定是缺少膳食纤维导致便秘，应去医院诊疗，排除其他疾病。

【延伸阅读】

（1）便秘的分型。

① 无力性（弛缓性）便秘是最常见的便秘类型，可能的原因有食物摄入过少、排便动力缺乏、膳食纤维摄入不足等。可以多摄入富含纤维的蔬菜、水果、粗粮等食物，增加粪便体积，刺激肠胃蠕动，如藕、火龙果、

西梅和蚕豆等，都可以缓解无力性便秘。

② 痉挛性便秘是肠壁受刺激过度引起，需要减少富含纤维素的食物。

③ 梗阻性便秘应根据引起梗阻的原因，解除梗阻后方可缓解便秘。

无论哪种便秘，都需要养成良好的排便习惯，多饮水，适当运动，规律作息，少食刺激性的食物和调味品。

（2）膳食纤维。

膳食纤维是一种不能被人体消化的碳水化合物，在体内具有重要的生理作用，是维持人体健康必不可少的一类营养素，包括可溶性与不可溶性膳食纤维。膳食纤维在肠道内吸水，刺激胃肠道的蠕动，促进排便和增加便次，同时抑制、延缓和减少重金属等有害物质和食物中葡萄糖和脂肪等营养素的吸收，改善肠道菌群，增强胰岛素敏感性等。美国防癌协会推荐标准为每人每天摄入膳食纤维 30 ~ 40 g；欧洲共同体食品科学委员会推荐标准为每人每天摄入膳食纤维 30 g；我国推荐成人每人每天摄入膳食纤维 25 ~ 30 g。大多数植物都含有可溶性与不可溶性膳食纤维。

① 可溶性膳食纤维。

果胶和树胶等存在于自然界的非纤维性物质中。常见的大麦、豆类、胡萝卜、柑橘、亚麻、燕麦等食物都含有丰富的可溶性纤维，可减缓消化速度，快速排泄胆固醇，有助于调节免疫系统功能，促进体内有毒重金属的排出。

② 不可溶性膳食纤维。

常见的纤维素、木质素和一些半纤维素存在于植物细胞壁中。纤维素主要来自食物中的小麦糠、玉米糠、芹菜、果皮和根茎蔬菜，纤维素口感粗糙，可降低罹患肠癌的风险。

误区 97：吃小葱拌豆腐会得肾结石

【案例背景】

老王一大家子正准备吃晚餐，小葱拌豆腐刚上，奶奶说："这菜不能吃，吃了会得肾结石。"

小葱拌豆腐

【误区】

（1）小葱和豆腐一起食用容易得肾结石。

（2）食物中形成的草酸钙等于人体内结石。

【专家解析】

草酸钙是一种白色晶体粉末，不溶于水、醋酸，难以被溶解吸收。草酸钙结石是五种人体内肾结石里最为常见的一种，占肾结石的 80% 以上，尿液中也发现有草酸钙结晶。因为小葱中含草酸，豆腐中含有丰富的钙，小葱中草酸与豆腐中的钙结合成草酸钙。于是将两者联系起来得出吃小葱拌豆腐会得肾结石的结论。

然而，体外的物理化学反应不等于体内的物理化学反应。小葱拌豆腐中小葱使用量少，即使小葱中的草酸与豆腐中的钙形成草酸钙，在肠道内也不会被吸收，可以直接通过粪便排出体外。因此，是否会形成结石，与钙、草酸的浓度并不呈正相关。不管是小葱拌豆腐还是菠菜与牛奶同食，都不是草酸钙结石形成的真正原因，吃小葱拌豆腐会得肾结石这种说法是错误的。

【延伸阅读】

草酸钙肾结石是泌尿外科的常见疾病，属于肾脏代谢性疾病的一种。尿液过饱和状态下经过结晶成核、晶体生长、晶体聚集和晶体滞留之后才会形成草酸钙肾结石。高钙尿、高草酸尿、强酸性尿（pH 为 4.0 ~ 5.0）、尿路细菌、肾乳头钙斑都可促进草酸钙晶体的生长和聚集；柠檬酸盐、肾钙蛋白、骨桥蛋白、糖胺聚糖等可抑制草酸钙的成核、生长和聚合。人体尿路结石成因非常复杂，遗传因素、维生素含量、脂蛋白、柠檬酸、钙代谢障碍等因素会影响尿液中的成石概率。

持“菠菜和豆腐相克”观点的人理由是：因为菠菜中草酸可与豆腐中的钙形成不溶性的草酸钙而影响钙的吸收。其实草酸存在于很多蔬菜中，食物中钙也广泛存在，没有必要单独强调菠菜和豆腐。如果介意，烹调时把菠菜先用开水烫一下，它所含的草酸就会部分溶解一些，对钙质吸收的影响就少多了。

然而体内草酸含量高确实是形成草酸钙结石的高危因素之一，那么如何降低人体内的草酸含量呢？以下措施可供参考。

① 少吃菠菜、苋菜、腰果、杏仁等高草酸食物。

② 多饮水可以使尿液得到稀释，钙离子和草酸的浓度降低，多排尿，从而减少草酸浓度过饱和导致的草酸钙结晶乃至草酸钙结石的形成。

③ 维生素 C 可在体内代谢变为草酸。研究显示，每天补充 1 000 mg 维生素 C，可以增加 22% 的尿中草酸的排泄，所以草酸钙结石患者应该避免大量额外的维生素 C 的补给。

误区 98：豆制品使儿童性早熟

【案例背景】

7 岁的雯雯几天前玩得满头大汗回到家，外婆看到外孙女胸部“胖”了起来，居然有了发育的迹象。第二天，雯雯的父母带她到医院检查，结果证明孩子确实是性早熟。因雯雯对豆制品情有独钟，医生认为雯雯性早熟很可能与长期大量吃豆制品有关。

各种各样的豆制品

【误区】

（1）豆制品会导致小孩性早熟。

（2）豆制品可以让绝经期妇女的激素水平升高。

【专家解析】

大豆作为中国传统饮食结构的代表，具有诸多独特的健康优势。例如，大豆及豆制品有助于心血管健康、降低某些疾病的发生风险、改善肠道功能、提供优质蛋白质等。豆制品内含有大豆异黄酮，是一种植物雌激素，研究表明异黄酮通过结合体内雌激素受体发挥弱作用，具有雌激素和抗雌激素的双向作用，不会像动物激素那样发挥强作用导致体内雌激素水平提高，相反它可以调节体内激素效应。雯雯出现的性早熟和她喜欢吃豆制品并不是因果关系，而是另有原因，应就医认真查找原因。

【延伸阅读】

（1）植物雌激素。

植物雌激素按结构可以分为异黄酮类、黄酮类、木脂素、香豆素和二苯乙烯类，而在豆类、葛根等中大量存在的异黄酮类植物雌激素是较常见的，主要包括刺芒柄花素、毛蕊异黄酮、染料木黄酮、黄豆苷元等。

植物雌激素根据人体内雌激素水平高低，双向调节雌激素水平：当体内雌激素水平低下时，植物雌激素占据雌激素受体发挥弱雌激素效应，表现出提高雌激素水平的作用；当人体内局部雌激素水平过高时，植物雌激素以竞争的方式占据受体位置同样发挥弱雌激素效应。但由于它的活性仅为体内雌激素的2%，避免了体内雌激素过高产生的不良刺激，表现出抵消雌激素的作用，因此植物雌激素有雌激素的生理作用而无其副作用。

（2）豆制品与性发育调查结果。

2022 年 4 月，某研究团队发表的一项研究对 4 781 名 6～8 岁的中国儿童（2 152 名女孩和 2 629 名男孩）进行膳食频度、生活方式（运动和久坐情况）、出生情况及婴幼儿和儿童期喂养、家庭特征调查，每年随访身体发育情况和青春期发育状况后，得出以下结论：无论男孩还是女孩，大豆摄入量多的比摄入量低的，进入青春期的时间明显更晚；饮食中大豆摄入量高的比摄入量低的，女孩乳房发育提前的风险低 12%，月经初潮提前的风险低 13%；男孩变声年龄提前的风险低 9%～10%；无论女孩还是男孩，饮食中来自谷类的膳食纤维和大豆摄入量高的，青春期时间都明显推迟。

（3）豆制品的摄入量建议。

根据《中国居民膳食指南（2022 版）》，豆制品的食用建议如下：

7～12 月龄婴儿，在辅食中引入豆类；

13～24 月龄幼儿，豆类是优质蛋白质的补充来源；

2～3 岁儿童，每天吃 5～15 g 大豆；

4～5 岁儿童，每天吃 15～20 g 大豆；

6～13 岁儿童，每周吃 105 g 大豆；

14～17 岁儿童，每周吃 105～175 g 大豆。

误区 99：经常吃海鲜会导致高尿酸血症和痛风

【案例背景】

小明出生在海边，有高血压病史，身边的人都非常喜欢吃海产品，小明自己也喜欢吃海产品，基本上每天都吃很多海鲜。但是新闻上说海鲜吃多了有各种坏处，可能会导致高尿酸血症和痛风，也可能出现消化不良、过敏等症状，高血压患者更要当心，吓得小明都不敢吃海鲜了。

【误区】

（1）经常吃海鲜会导致高尿酸血症和痛风。

（2）高血压患者不能吃海鲜。

【专家解析】

经常食用海鲜会补充大量优质的蛋白质、维生素、矿物质等，海鲜中的不饱和脂肪酸能使血液中的低密度胆固醇减少，有益健康，并不一定会导致痛风，痛风除了与饮食有关外，还与体内的代谢有关。痛风通常是由于嘌呤在体内代谢异常而出现尿酸沉积，导致痛风发作。若人体内对于尿酸的代谢正常，则食用较多的海鲜也不会发生高尿酸血症而导致痛风。但若体内嘌呤代谢出现问题，仅食用低嘌呤的食物也会导致尿酸在体内沉积，从而导致痛风的发生。

总之，痛风与是否食用海鲜没有必然联系，主要与人体内的嘌呤代谢异常有关。高血压与平时摄入盐较多有一定关系，只要吃得淡一点，吃海鲜没有关系。

【延伸阅读】

痛风是一种由于嘌呤生物合成代谢增加，尿酸产生过多或因尿酸排泄不良而致血中尿酸升高，尿酸盐结晶沉积在关节滑膜、滑囊、软骨及其他组织中引起的反复发作性炎性疾病。它是由于单钠尿酸盐结晶或尿酸在细胞外液形成超饱和状态，使其晶体在组织中沉积而造成的一组异源性疾病。本病以关节液和痛风石中可找到有双折光性的单水尿酸钠结晶为特点。其临床特征为：高尿酸血症及尿酸盐结晶、沉积所致的特征性急性关节炎、痛风石、间质性肾炎，严重者见关节畸形及功能障碍，常伴尿酸性尿路结石。病因分为原发性和继发性两大类。

90%的原发性痛风患者高尿酸血症的原因与尿酸排泄减少有关，其可能机制有：①肾小球滤过减少；②肾小管重吸收增加；③肾小管分泌减少。

10%的原发性痛风患者高尿酸血症的原因与尿酸生成过多有关。内源性尿酸产生过多的判定是：在低嘌呤饮食超过5天后，尿中尿酸排出量仍大于358 mmol/L。内源性尿酸生成过多与促进尿酸生成过程中的一些酶数量与活性增加和（或）抑制尿酸生成的一些酶的数量和活性降低有关。

误区 100：海产品是诱发甲状腺疾病的元凶

【案例背景】

26 岁的张女士来到海边城市打拼，天天吃海鲜，按照张女士自己的话说，就算是吃面也会在里面加上海鲜。一段时间后，张女士出现了晚上睡不着、偶尔感到心慌、吃得多但是体重下降等情况。经医生诊断，张女士是出现了甲状腺功能亢进的症状，她认为这是吃海鲜导致的。

各种海产品

【误区】

海产品吃多了会引起甲状腺疾病。

【专家解析】

引起甲状腺疾病的原因很多，包括遗传因素、环境因素及自身免疫因素、感染及手术等，都可以引起甲状腺的疾病。碘是合成甲状腺激素的原材料，体内碘过多或者太少都可能会增加甲状腺疾病的患病风险，但不是发生甲状腺疾病唯一的原因。甲状腺疾病产生的原因可能与碘有关，但并非因为海鲜，只是与别的食物比较海鲜中含碘量较高。不过海鲜品种很多，碘含量也是不同的，一般按碘含量高低排列为：藻类 > 虾类 > 贝类 > 蟹类 > 鱼类。

正常的成年人从膳食中获取的碘推荐摄入量为 120 μg/d，可耐受最高摄入量为 600 μg/d。紫菜（干）含碘 4 323 μg/100 g，市场上一人份小包装的紫菜，每袋含有 5 g 紫菜，这包紫菜即含碘约 216 μg，虽然在烹饪过程中有一定量的碘流失，但对于正常成年人来说，已经基本满足了一天的碘摄入量。同时由于其含碘量已超过了每天的推荐量，因此不建议人们每天食用紫菜（干），但可以食用其他海鲜，如海鱼。因此海产品并非甲状腺疾病的“元凶”。

海鲜富含丰富的蛋白质和微量元素，深受人们的喜爱，但无论是患甲状腺疾病的人还是健康人群，食用海鲜都应适量，避免因过量摄入给身体带来其他健康损害。

【延伸阅读】

甲状腺疾病属于一种临床常见的内分泌系统疾病，主要包括甲状腺功能亢进症、甲状腺功能减退症、甲状腺炎、甲状腺囊肿等。

甲状腺功能亢进症简称“甲亢”，是由于甲状腺合成和释放过多的甲状腺激素，甲状腺激素会促进新陈代谢，促进机体氧化还原反应，使机体代谢亢进，患者表现为体重减少、产热增多；甲状腺激素增多刺激交感神经兴奋，临床表现为心悸、心动过速、失眠、情绪易激动，甚至焦虑。

甲状腺功能减退症简称“甲减”，是由于甲状腺激素合成及分泌减少，或其生理效应不足所致机体代谢降低的一种疾病，这类甲状腺疾病患者可以适量地摄入海产品等富含碘的食物，促进体内甲状腺激素的合成。

甲状腺炎是由各种原因导致的一类累及甲状腺的异质性疾病。其病因不同，临床表现及预后差异较大，甲状腺功能可正常，可亢进，可减退，有时在病程中三种功能情况均可发生。因此可根据医院的检查以及医生的医嘱来进行合理膳食。

甲状腺囊肿是指在甲状腺中发现含有液体的囊状物。一般是由于缺碘引起甲状腺增生肿大，出现甲状腺囊肿。因此，甲状腺囊肿的患者也可适量摄入富含碘的食物。

对于一些甲状腺疾病，我们强调的是不要食用富碘食物而并非只是单纯指向海鲜。虽然海鲜中的富碘食物相对较多，但不同的海鲜含碘量也有差异。可按表 24 选择海鲜。

表 24　常见水产品含碘表　　（单位：μg/100 g）

海产品种类		含碘量
藻类	海带（干）	36 240
	海草	15 982
	紫菜（干）	4 323
	螺旋藻	3 830
	海带（深海、冷鲜）	2 950
贝类	赤贝	162
	鲍鱼（鲜）	102
	贻贝（淡菜）	91. 4
	牡蛎	66
	蛏子	65. 4
	扇贝	48. 5
	河蚬	43. 1
	蛤蜊	39. 3
	花螺	37. 9
虾类	虾米（小对虾、干）	983
	海米（干）	394
	虾皮	373
	濑尿虾	36. 1
	基围虾	16. 1
蟹类	花蟹（母）	45. 4
	梭子蟹	33. 2
	河蟹（公）	27. 8

续表

海产品种类		含碘量
鱼类	带鱼	40.8
	鳕鱼	36.9
	多宝鱼	33.4
	沙丁鱼	28.5
	小黄鱼	15.6
	大黄鱼（养殖）	14.9
	墨鱼	13.9
	鱿鱼	12.3
	海鳗	11.3
	银鲳鱼	10.9
	鲫鱼	10.1
	罗非鱼	9.1
	海鲈鱼	7.9
	鲳鱼	7.7
	白鲢鱼	6.7
	胖头鱼	6.6
	青鱼	6.5
	草鱼	6.4
	鲤鱼	4.7